VOYAGES

EN AFRIQUE

ET

VERS LE NIGER,

DE MUNGO-PARK

PAR A. BARON.

LIMOGES

Eugène ARDANT et C. THIBAUT,

Imprimeurs - Libraires - Éditeurs.

MUNGO-PARK.

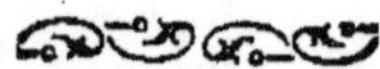

VOYAGES EN AFRIQUE, DANS LE NIGER.

1785—1805.

MUNGO-PARK, né le 10 septembre 1771, d'un cultivateur aisé, à Fowlshiels, ferme du duc de Buccleugh, située sur les rives de l'Yarrow, à peu de distance de la ville de Selkirk, en Ecosse, fut reçu médecin à Edimbourg, en 1789. D'abord chirurgien-adjoint à bord d'un vaisseau de la compagnie des Indes-Orientales, le jeune docteur fut présenté par sir Joseph Banks, un des compagnons de Cook, qui l'appréciait et le favorisait, à la Société africaine de Géographie de Londres, qui précisément cherchait en ce moment un homme capable d'aller succéder, vers la Nigritie, au major Houghton, qui avait essayé de pénétrer dans cette contrée si fatale aux Européens, et y avait trouvé la mort. Mungo-Park fut accepté, reçut ses instructions, et, le 22 mai 1795, il s'embarquait à Porstmouth!

AFRIQUE OCCIDENTALE.

« Mes instructions étaient des plus simples, dit-il lui-même dans sa relation. Il m'était prescrit, à mon arrivée en Afrique, de me diriger vers le fleuve Niger et de faire tous mes efforts pour visiter particulièrement Tombouctou et Houssa...

» Parti de Porstmouth en mai 1795, je vis les montagnes de Mogador, sur les côtes d'Afrique, le 4 juin, et le 21 du même mois, nous jetâmes l'ancre à Djislifri, ville située sur la rive nord de la rivière de Gambie. Mais nous remontâmes bientôt la rivière jusqu'à Jonkakonda, lieu de commerce considérable, où notre navire avait mission de prendre une partie de son chargement. Pour moi, je me rendis à Pisania, chez le docteur Laidley.

» Pisania est un petit village dans les domaines du roi de Yarie. Il a été fondé par les Anglais, qui y tiennent une factorerie pour le commerce, et l'habitent seuls avec leurs noirs. Il se trouve sur la Gambie, à seize milles au-dessous de Jonkakonda. Fixé chez le docteur et m'y trouvant parfaitement à mon aise pour quelque temps, je pensai d'abord à apprendre la langue mandingue, qui est la langue usitée dans presque toute cette partie de l'Afrique. Puis je réunis tous les renseignements qui étaient indispensables pour entreprendre mon voyage. »

Enfin, le 2 décembre 1795, parti de Pisania, sous la conduite du docteur Laidley et de messieurs Ainsley, des amis particuliers du docteur, qui l'accompagnèrent à quelque distance comme on accompagne quelqu'un qu'on ne s'attend jamais plus à revoir, Mungo-Paok se dirigea vers l'est, dans l'intention de gagner le Niger ou Djoliba : mais bientôt il se vit obligé de marcher dans une direction septentrionale, vers le territoire des Maures, afin d'éviter les combats que se livraient deux chefs nègres, dont il aurait eu à traverser les Etats.

L'audacieux voyageur n'avait avec lui qu'un cheval, deux ânes, deux domestiques nègres, un bagage modeste, deux fusils de chasse, deux pistolets, une boussole et un thermomètre ; il tenait à ne pas exciter la cupidité des indigènes. Quatre nègres retournant dans leur pays se joignirent à sa petite escorte.

Les naturels des bords de la Gambie, quoique distribués en plusieurs gouvernements distincts, doivent être cependant distribués en quatre classes principales : les Feloups, les Jaloffs, les Foulahs et les Mandingues.

Généralement ces peuples sont mahométans, mais le fond de la population persévère dans les superstitions aveugles de leurs ancêtres.

Les *Feloups* sont d'un caractère sombre et ne pardonnent pas facilement une injure. On dit même qu'ils transmettent leurs querelles à leur postérité, de sorte que les haines ou les vengeances passent en héritage de père en fils.

Les *Jaloffs* ou *Yaloffs* composent une race active, puissante et guerrière, qui habite tout le pays situé entre le fleuve Sénégal et les états mandingues qui bordent la Gambie. Ils diffèrent cependant des

Mandingues, non-seulement par le langage, mais aussi par les traits et la couleur.

Les *Foulahs* sont d'une couleur de suie, avec des cheveux soyeux et des traits agréables. Ils sont très attachés à la vie pastorale.

Les *Mandingues* constituent le vrai fonds de la population de tous les districts ; ce nom de Mandingue leur vient d'un Etat de l'intérieur d'où ils ont émigré, et qui se nomme *Manding*. Ces naturels sont d'un caractère doux et serviable. Les hommes sont d'ordinaire au-dessus de la taille moyenne, bien faits, forts et capables de supporter une grande fatigue. Les femmes sont douces aussi, vives et agréables. Le vêtement des deux sexes est d'étoffe de coton. Celui des hommes est une grande robe lâche qui ressemble assez à un surplis, avec des caleçons qui descendent à mi-jambe. Ils portent aux pieds des sandales, et sur la tête un bonnet blanc. L'habillement des femmes se compose de deux morceaux d'étoffe, chacun d'environ six pieds de long et trois de large. Elles roulent l'un autour de la taille, d'où il tombe en forme de jupon ; l'autre est jeté négligemment sur la poitrine et les épaules.

Tout homme d'une condition libre ayant plusieurs femmes, elles habitent chacune une cabane à elle Ces cabanes sont entourées d'une palissade faite de cannes de bambou fendues et disposées en treillis, ce qui forme un *sirk*. Un certain nombre de ces sirks ou enclos, séparés par d'étroits passages, forment une ville ; mais les cabanes sont placées sans régularité ; on ne songe qu'à un plan, c'est de placer la porte au sud-ouest afin d'avoir la brise de mer.

Chacune de ces villes est ornée d'un assez vaste espace que l'on nomme le *bentang* ; c'est notre maison commune. De grands arbres et un enclos de cannes le garantissent du soleil et l'enferment. C'est là que l'on traite de toutes les affaires, des procès, des nouvelles. Les villes dans lesquelles prévaut le mahométisme, ont aussi une *missura* ou *mosquée* où se réunissent les croyants à Mahomet pour y faire leurs prières selon le rit du Koran.

Les esclaves forment le principal objet de commerce de la Gambie. La plupart de ces victimes sont amenées à la côte en caravanes périodiques ; beaucoup viennent de contrées très reculées dans l'intérieur. A leur arrivée à la côte, s'il ne se présente pas immédiatement une occasion d'en traiter avantageusement, ils sont répartis dans les villages environnants, jusqu'à l'arrivée d'un négrier, ou bien encore jusqu'à ce qu'ils soient achetés par des négociants noirs, qui font quelquefois cette spéculation. En attendant, les pauvres misérables sont tenus constamment aux fers, enchaînés deux à deux, employés aux travaux des champs, et, chose cruelle à dire ! aussi mal nourris que rudement traités. Les marchands d'esclaves s'appellent *slatés*. Outre les marchandises qu'ils apportent pour être vendues aux blancs, ils fournissent aux habitants des districts maritimes du fer natif, des gommes parfumées, de l'encens et du beurre provenant d'un arbre appelé *arbre à beurre*. Cet aliment est extrait, au moyen de l'eau bouillante, de l'amande d'une noix : il a la consistance et l'aspect de beurre ; mieux que cela, il en possède la saveur. En paiement de ces objets, les Etats maritimes donnent à ceux de l'intérieur du sel, qui est la denrée la plus rare et la plus précieuse. La monnaie de ces contrées africaines n'est autre qu'un coquillage appelé *cowrie.* Au début des essais de commerce des Européens avec les Africains, le fer fut le premier objet sur lequel tomba la convoitise de ces derniers. Son utilité le rendait en effet préférable à tout. Il devint alors la mesure d'après laquelle fut établie la valeur des marchandises. Ainsi, une certaine quantité de denrées quelconques leur paraissant égale en valeur à une barre de fer, constitua dans la langue du négociant une *barre* de cette marchandise particulière. Vingt feuilles de tabac, par exemple, furent considérées comme un *bar de tabac*, et un gallon d'esprit de vin fut nommé *bar de rhum.* Mais, comme dans de pareilles transactions le marchand blanc a l'avantage sur le noir, ce dernier, convaincu de sa propre ignorance, se montre difficile à satisfaire, et devient soupçonneux et méticuleux à l'excès. Alors les nègres sont si incertains et si jaloux dans leurs transactions avec les blancs, que jamais un Européen ne regarde un marché conclu que quand le prix est payé et que les parties sont séparées.

Ces détails préliminaires mis sous les yeux du lecteur, nous allons suivre Mungo-Park dans les curieux détails de son voyage.

Nous avons vu que sa caravane se composait de deux domestiques nègres et de quatre autres nègres retournant dans leurs foyers. L'un des domestiques, *Johnson*, parlait l'anglais et le mandingue; le second, petit garçon encore, appelé *Demba*, en outre

du mandingue, parlait la langue des Serrawoullis
C'était un don du docteur Laidley qui, pour engager
Demba à se bien conduire, lui avait promis sa liberté
au retour. Mungo-Park montait un cheval petit,
mais infatigable et ardent; deux ânes portaient les
domestiques et les bagages, qui étaient légers, car
le voyageur anglais n'avait de vivres que pour deux
jours, un assortiment de rassades ou verroteries,
d'ambre et de tabac, pour acheter, à mesure qu'il
avancerait, des provisions nouvelles, du linge, un
parasol, un sextant de poche, un compas magnéti-
que, un thermomètre, deux fusils de chasse, deux
paires de pistolets et quelques menus articles. Les
quatre nègres retournant dans leur pays étaient un
noir libre, mahométan, nommé Madibou, qui se rendait dans le Bambarra; de deux slatés de la nation
serrawoullis qui allaient à Bondou, et d'un forgeron, du Kasson, appelé Tami, mahométan, employé
longtemps par le docteur Laidley, et qui rejoignait
sa famille. Tous ces noirs voyageaient à pied, poussant aussi leurs ânes devant eux.

La caravane, après avoir quitté Pisania le 2 décembre 1795, arriva à Djundey le premier jour.
Elle s'arrêta dans la maison d'une négresse : les
voyageurs visitèrent le soir le plus riche négociant
de la Gambie, qui demeurait dans un village voisin.
Djemafou-Mammadou, tel était son nom, se trouvait
chez lui et fut si flatté de l'honneur qu'on lui faisait, qu'il donna un taureau à Mungo-Park. L'animal fut tué immédiatement et accommodé pour le souper de la caravane. Pendant qu'il cuisait, un Mandingue racontait des histoires, vrais contes arabes

que l'on écouta, en fumant, avec une patience rare, car le conteur ne parla pas moins de trois grandes heures.

« A environ une heure de l'après-midi, le 3 décembre, dit lui-même Mungo-Park, je pris congé du docteur Laidley et de MM. Ainsley, puis j'entrai dans les bois, au pas de mon cheval. J'avais alors devant moi une forêt immense et une contrée dont les habitants étaient étrangers à la vie civilisée, et pour la plupart desquels un blanc était un objet de curiosité et de pillage. Je réfléchissais que je venais de me séparer du dernier Européen que je verrais probablement, et que j'avais quitté, pour toujours peut-être, le bien-être de la société chrétienne. Des pensées pareilles devaient nécessairement jeter du sombre dans l'esprit ; j'allai donc, rêvant, l'espace de trois milles. Mais alors je fus tiré de ma rêverie par des hommes qui accouraient et qui arrêtèrent les ânes, en me donnant à entendre que je devais aller avec eux à Pekaba, pour me présenter au roi de Walli, ou bien leur payer des droits. Je m'efforçai de leur faire comprendre que mon voyage était étranger au commerce, et que je ne devais pas être soumis à une taxe quelconque. Je perdis mon temps. Comme ils étaient plus nombreux que ma suite, et en outre fort bruyants, je dus accéder à leur demande. Je leur donnai quatre bars de tabac pour l'usage de Sa Majesté, et je pus continuer mon voyage.

» Au coucher du soleil, nous arrivâmes à un village, près de Koutaconda, et nous y passâmes la nuit. »

ROYAUME DE WOULLI.

Le 4 décembre au matin, les voyageurs traversèrent Koutaconda, dernière ville des Walli. Ils entrèrent alors dans le royaume de Woulli, et durent payer des droits dans le premier village qu'ils rencontrèrent. Puis, la nuit passée au village de Tabadjang, ils atteignirent, le lendemain, Médina, capitale du Woulli.

Médina, d'une étendue assez considérable, compte de huit cents à mille maisons. Elle est fortifiée à la manière africaine, c'est-à-dire entourée d'un haut mur construit en terre, et d'une palissade extérieure de piquets aigus et de buissons épineux. Mungo-Park obtint un logement chez un des parents du roi, qui prit soin de recommander à son hôte *de ne pas donner une poignée de main* au monarque. En effet, notre Anglais se garda bien de manquer à l'étiquette quand il aborda le souverain, nommé Djatta, pour lui demander la permission de traverser son territoire afin de se rendre à Bondou. Djatta était un vénérable vieillard, dont le major Houghton rend aussi, dans sa relation, un compte des plus favorables. Le roi était assis sur une natte devant la porte de sa cabane. Nombre de noirs et de négresses étaient rangés de chaque côté, chantant et battant des mains. Mungo-Park le salua gravement et lui fit connaître le but de sa visite. Djatta non-seulement permit le passage demandé, mais il ajouta qu'il ferait des prières pour le succès du voyage. Alors un des nègres, sans doute pour féliciter le roi de sa bienveillance, commença à chanter, ou plutôt à rugir une chanson arabe. A chaque stance, le roi et ses gens frappaient leurs fronts de leurs mains et s'écriaient avec une touchante solennité : *Amin ! Amin !* Enfin, Djatta annonça au voyageur que, le jour suivant, il lui donnerait un guide qui le conduirait jusqu'à la frontière de son royaume. Le soir même Park adressa au roi noir un ordre sur le docteur Laidley pour trois gallons de rhum, en échange de quoi Djatta lui envoya beaucoup de provisions.

Le 6 décembre, de bonne heure dans la matinée, Mungo-Park alla de nouveau visiter le roi. Le bon vieillard était assis sur une peau de taureau et se chauffait devant un grand feu ; car les Africains sont sensibles aux plus petites variations de température, et se plaignent souvent du froid quand un Européen étouffe de chaleur. Il reçut l'Anglais avec une grande affabilité et le conjura de renoncer au projet de voyager dans l'intérieur, en lui disant que le major Houghton avait été tué déjà, et que s'il marchait sur ses traces, il s'exposerait au même sort. Néanmoins, le guide annoncé étant venu, la caravane se remit en marche et, en trois heures, parvint au village de Koujour, où elle passa la nuit. Là, pour quelques grains de rassades, on obtint un beau mouton que les Serrawoullis tuèrent avec toutes les cérémonies prescrites par leur religion. Une partie fut accommodée pour le souper, après lequel une dispute s'éleva entre un noir serrawoulli et l'interprète Johnson à cause des cornes de l'animal. Le

premier les réclamait comme son droit, pour avoir
rempli les fonctions de boucher; Johnson contes-
tait cette prétention. Park mit fin au différend,
en donnant une corne à chacun d'eux. Pour
comprendre le motif de cette querelle, il faut
savoir que ces cornes sont fort estimées chez les
noirs, parce qu'on peut aisément les convertir en
fourreaux ou en gaînes propres à renfermer des
amulettes, auxquels les nègres supposent une puis-
sance sans égale.

Le 7, nos voyageurs s'éloignaient de Koujour et
passaient la nuit au village de Malla; puis, le 8, vers
midi, en arrivant à Kolor, ville assez importante, à
l'entrée ils virent, suspendu à un arbre, une sorte
de costume de mascarade fait en écorce, et que
Mungo-Park apprit appartenir à Múmbo-Jumbo. Ce
n'est autre chose qu'un épouvantail commun à toutes les nations mandingues, dans le but de maintenir
les femmes dans la soumission. Chaque *kafir* ou
idolâtre, n'étant pas gêné dans le nombre de ses
femmes, en entretient autant que bon lui semble.
Mais alors il arrive très fréquemment que le mauvais accord règne dans la maison du kafir : parfois
même, l'autorité du mari est impuissante à rétablir
l'ordre. C'est dans ce cas que l'on a recours à Mumbo-Jumbo. Cet étrange ministre de la justice, affublé
du costume en question et armé d'une verge, le soir
venu, annonce son approche par des cris effrayants.
Tout le monde se rassemble et le suit, dans les té-
nèbres, vers la maison où se trouvent les coupables.
On les conduit au *bentang* au milieu de la foule.
D'abord on danse et on chante; mais quand vient

minuit, Mumbo-Jambo désigne les femmes par trop tapageuses dans leur intérieur. Aussitôt elles sont attachées à un poteau et rudement fustigées, sur la chair nue, par Mumbo-Jumbo lui-même, parmi les acclamations et les rires de toute l'assemblée. Il est à remarquer que les autres femmes sont les plus acharnées coutre leurs infortunées compagnes. Le point du jour met fin à ce divertissement barbare.

Le 9 décembre, comme il n'y avait pas d'eau à se procurer sur la route, les voyageurs se rendirent en toute hâte jusqu'à Tambacunda ; puis, partis de cette ville le matin du 10, ils atteignirent dans la soirée Koumakari, ville de la même importance de Kolor. Le 12, ils arrivèrent à Koudjar, ville frontière du Woulli, du côté de Bondou, qui n'était plus alors qu'à deux journées de marche, mais par un désert. Mungo-Park alors donna un peu d'ambre au guide donné par le bon Djatta, afin de le payer de sa peine. Puis il chercha des hommes qui pussent le guider, et en même temps porter l'eau dont il aurait besoin. Trois nègres, chasseurs d'éléphants, lui offrirent leurs services ; il les accepta et eut le tort de remettre à chacun trois bars d'avance.

Ce soir-là, les habitants de Koudjar, quoique habitués à voir des Européens dans la Gambie, par égard et respect pour le voyageur anglais, l'invitèrent à assister à un *neobering* dans le bentang. Cette lutte est très commune dans le pays mandingue. Les spectateurs se placèrent en cercle, laissant au milieu d'eux un espace pour les lutteurs, jeunes gens robustes, actifs, habitués dès leur enfance à ces sortes d'exercices. Ils se dépouillèrent de leurs

vêtements, hormis d'une paire de caleçons courts,
et après avoir eu la peau enduite d'huile ou de
beurre, les combattants s'approchèrent l'un de l'autre, marchant sur leurs pieds et sur leurs mains, et
de temps à autre tendant un bras, jusqu'à ce qu'un
d'eux sauta et prit son adversaire par le genou.
Alors ils déployèrent beaucoup de dextérité et de
calcul; mais le combat fut décidé par la supériorité
de la force. Il faut remarquer que les jeunes athlètes
étaient excités par un tambour qui donnait à leurs
mouvements de la régularité et une sorte de ca-
dence. A la lutte succéda une danse dans laquelle
figuraient plusieurs acteurs, qui tous portaient de
nombreuses petites sonnettes attachées à leurs bras
et à leurs jambes. Ici encore le tambour réglait
leurs mouvements. On le battait avec un bâton re-
courbé que le musicien tenait de la main droite, et
il se servait de temps en temps de la gauche pour
amortir le son et varier ainsi sa musique. Dans le
cours de la soirée on me présenta une boisson qui,
à ma grande surprise, avait le goût de la bonne
bière forte; et j'appris avec étonnement qu'elle
était également fabriquée avec de l'orge, et qu'une
racine, dont l'amertume n'est pas désagréable, servait de houblon.

Dans la matinée du 12, Mungo-Park apprit qu'un
des chasseurs d'éléphants avait disparu avec l'argent qu'il avait reçu pour partie de son salaire. Afin
d'empêcher les deux autres de suivre cet exemple,
l'Anglais fit aussitôt remplir d'eau les calebasses, et
dès que le soleil parut, il entra dans le désert. La
caravane n'avait pas encore fait un mille que ceux

qui la composaient s'arrêtèrent afin de préparer un
charme au saphi, qui devait leur assurer un bon
voyage. Ils marmottèrent quelques mots en effet et
crachèrent sur une pierre qui avait été jetée en
avant sur le chemin. Cette cérémonie fut répétée
trois fois, après quoi les noirs marchèrent avec une
confiance admirable, chacun d'eux étant bien fer-
mement persuadé que cette pierre, comme un bouc
émissaire, avait effacé toute apparence de danger.
On continua de cheminer sans aucune halte jusqu'à
midi, heure à laquelle les voyageurs arrivèrent sous
un grand arbre appelé *nima-taba* par les naturels.
Cet arbre offrait un spectacle singulier : il était dé-
coré d'innombrables lambeaux d'étoffes de toutes
formes et de toutes couleurs, que les voyageurs traversant le désert attachaient aux branches. C'était
sans doute comme indication qu'il y avait de l'eau
non loin de là. Le temps a tellement sanctionné
cette coutume que personne n'ose passer sous cet
arbre sans y suspendre quelque chose. Le chef de la
caravane suivit l'exemple donné et attacha aux
branches un bon morceau d'étoffe. Ayant alors or-
donné d'aller à la recherche de l'eau, Park fit dé-
charger les ânes, leur donna leur provende de blé,
et les provisions furent étalées à l'ombre devant
tous les voyageurs. Ceux qui étaient allés en quête
de l'eau ne trouvèrent qu'un étang fangeux, et près
de cet étang des débris de victuailles et un feu ré-
cemment éteint. Était-ce des voyageurs, était-ce des
brigands qui avaient passé par-là ? Dans leur effroi,
les nègres adoptèrent cette dernière supposition.
Aussi prit-on soudain le projet de s'éloigner au plus

vite. On partit donc immédiatement, mais il était huit heures du soir quand on arriva au seul endroit où il fût possible de s'arrêter. Là, les pauvres gens, harassés d'une si longue course, se couchèrent sur la terre nue, après avoir allumé un grand feu et s'être entourés de leurs animaux. Les nègres s'entendirent pour veiller tour à tour.

LE BONDOU.

Aussitôt que le jour parut, les calebasses furent remplies à une mare qui se trouvait dans le voisinage et l'on partit pour Tallika, première ville du Bondou, que l'on atteignit le 13 à onze heures du matin. Cette cité africaine n'est peuplée que de Foulahs mahométans qui y vivent dans une grande richesse, résultat du commerce qui se fait avec les caravanes, soit pour les approvisionner, soit pour leur vendre de l'ivoire. Là réside un officier du roi de Bondou, chargé de taxer les caravanes selon le nombre d'ânes qui les composent. Mungo-Park logea chez cet officier, et s'arrangea avec lui pour qu'il l'accompagnât jusqu'à Fatteconda, séjour du prince. La récompense de cet officier fut de cinq bars. De Tallika, notre Anglais écrivit au docteur Laidley par une caravane qui portait de l'ivoire vers Pisania, avec cinq ânes chargés de cette précieuse marchandise.

Le 14 décembre, Mungo-Park et ses gens quittèrent Tallika, et déjà on en était éloigné de deux milles, quand une violente querelle s'éleva entre deux nègres, le forgeron et un autre, et ils échangèrent quelques paroles injurieuses. Il est digne de remarque qu'un Africain pardonnera plutôt un coup qu'un terme de reproche adressé à ses ancêtres. « Frappe-moi, mais ne maudis pas ma mère ! » est une expression commune même parmi les esclaves. Un outrage de cette nature irrita donc un des querelleurs au point qu'il tira son coutelas contre le forgeron, et la dispute se serait certainement terminée d'une manière sérieuse, si Park ne s'était emparé de lui pour lui arracher le coutelas. Il parvint à mettre fin à cette scène désagréable en ordonnant au forgeron de se taire, et en disant à l'autre, qu'il supposait dans son tort, que si à l'avenir il tirait son arme, il le regarderait comme un malfaiteur et le fusillerait sur-le-champ. Cette menace eut l'effet désiré, et l'on marcha dans un grand silence jusqu'à l'après-midi. Alors on atteignit une plaine fertile semée de petits villages, dont l'un, du nom de Ganado, offrit un abri pour la nuit aux voyageurs fatigués. A Ganado, un échange de bons procédés, de présents et un souper confortable mirent un terme à l'animosité des noirs, et la nuit était avancée quand on pensa à s'aller coucher. La société de Park, et Mungo-Park lui-même avaient été fort divertis par un chanteur errant qui avait raconté des histoires amusantes et joué de très jolis airs en soufflant sur la corde d'un arc qu'il frappait en même temps avec une baguette, — le joum-joum des Hottentots sans doute, avec lequel nous avons fait connaissance dans les voyages de Levaillant.

Le 15, au point du jour, les Serrawoullis compagnons de voyage de Park, prirent congé de lui, après avoir fait beaucoup de vœux pour le succès de son expédition. Alors la caravane, ainsi amoindrie, traversa à un mille de Ganado une branche considérable de la Gambie, nommée *Nériko*. Les rives en sont perpendiculaires et couvertes de mimosas. Mungo-Park remarqua dans la fange nombre de grandes mouches, mais les naturels ne les mangent pas. A midi, le soleil étant excessivement chaud, les voyageurs se reposèrent pendant deux heures à l'ombre d'un arbre et achetèrent du lait et du froment pilé à quelques bergers foulahs. Puis ils se rendirent le soir à Koukarani, où le forgeron avait quelques parents. On y passa deux jours, que Mungo-Park employa à visiter la ville, entourée d'un haut mur et pourvue d'une mosquée. On lui montra plusieurs manuscrits arabes dont le possesseur, marabout ou prêtre du pays, lui lut une partie.

Le soir du second jour, 17 décembre, les pérégrinateurs, auxquels s'adjoignit un jeune nègre qui se rendait à Fatteconda pour acheter du sel, s'éloignèrent de Koukarani, et arrivèrent à Dougghi à la nuit tombante. Ils y trouvèrent les provisions à si bas prix qu'ils achetèrent un taureau pour six pierres d'ambre. A cette occasion, Mungo-Park fait comprendre que la compagnie diminuait ou s'augmentait en proportion du bien-être qu'il pouvait lui procurer.

Le 18 décembre au matin on partit de Dougghi, avec un certain nombre de Foulahs et d'autres personnes, de manière à présenter un aspect formidable et à ne plus craindre d'être pillés dans les bois. Le soir, la petite légion arriva au milieu de quelques villages épars, entourés de vastes cultures. Elle passa la nuit dans un de ces villages, sous une misérable hutte, n'ayant pour tout lit qu'une botte de paille de maïs, et sans autre nourriture que celle dont elle était pourvue. Ce pays se nommait Buggil.

Le 19, on fit route jusqu'au milieu du jour le long d'une éminence couverte de mimosas. Alors la terre inclinait vers l'est, et l'on descendit vers une profonde vallée. Poursuivant sa marche à l'est, par cette vallée, dans le lit desséché d'une rivière, la caravane atteignit un grand village où elle voulait loger. Les naturels de la contrée étaient vêtus d'une gaze très mince qu'ils nomment *biqui*. Les façons des femmes étaient des plus brutales. Elles entourèrent en grand nombre les voyageurs, demandant des rassades, de l'ambre, etc. Elles déchirèrent le manteau de Mungo-Park, arrachèrent les boutons de l'habit de son domestique, et se mettaient en devoir de les outrager plus gravement encore, quand le chef de la caravane s'élança en selle et partit au grand galop, suivi pendant un quart d'heure par un détachement de ces harpies. Le soir, on arriva à Soubrodouka, et comme on était quatorze personnes, un mouton fut acheté, ainsi que beaucoup de blé, pour souper. Puis on coucha près des ballots. Mais la nuit fut rendue fort désagréable par une rosée des plus épaisses.

Le 20, Mungo-Park quitta Soubrodouka, et à deux heures était dans un grand village situé sur les bords de la rivière Salommé, qui est fort rapide et à fond de roche. Les naturels étaient occupés à pêcher. Un vieux chef maure vint offrir ses bénédictions à notre Anglais et lui demander un peu de papier pour écrire des saphis. Cet homme avait vu le major Houghton dans le royaume de Kaarta, et il dit à Park qu'il avait péri dans le pays des Maures. Mungo-Park lui donna quelques feuilles de papier; puis, à trois heures, on reprit la route le long de la rivière vers le nord, jusqu'à huit heures du soir, que l'on entra dans Nayemou. Le chef de cette ville, homme très hospitalier, fit don à l'Anglais d'un taureau, en échange de quoi on lui offrit de l'ambre.

Le lendemain 21 décembre, une pirogue louée à cet effet transporta les bagages de l'autre côté du Salommé, qui, en cet endroit, Mungo-Park étant à cheval, lui venait à peine aux genoux.

A midi, les voyageurs firent leur entrée dans Falteconda, capitale du Bondou, et presque aussitôt Park fut invité chez un slaté important, car, comme il n'y a pas d'hôtelleries en Afrique, il est d'usage pour les étrangers de rester dans le bentang jusqu'à ce que quelque habitant leur offre un logement.

« Nous acceptâmes, dit Mungo-Park ; mais, une heure après, on vint me dire que je devais me rendre près du roi, qui désirait beaucoup me voir sur-le-champ, si je n'étais pas trop fatigué. Je pris alors avec moi mon interprète et suivis le messager. Nous sortîmes tout-à-fait de la ville et traversâmes quelques champs de blé. Je soupçonnai alors un piége et demandai à mon guide où nous allions. Pour toute réponse, il me montra du doigt un nègre assis sous un arbre à une petite distance, et me dit que le roi donnait souvent ainsi audience dans un lieu retiré, pour échapper à la foule, et que personne, moi et l'interprète exceptés, ne devait s'approcher. Quand j'arrivai, l'illustre personnage m'invita à m'asseoir près de lui sur la natte, èt après avoir entendu mon récit, sur lequel il ne me fit aucune observation, il me demanda si je voulais acheter des esclaves ou de l'or. Sur ma réponse négative, il parut un peu surpris et me dit d'aller le trouver dans la soirée, qu'il me donnerait des provisions.

» Ce roi s'appelait Almami, nom maure, quoiqu'il fût kafir ou infidèle. J'avais appris qu'il s'était montré affable pour le major Houghton, mais qu'en arrière il l'avait fait piller. Sa politesse vis-à-vis de moi me sembla donc suspecte ; je songeai alors à me le rendre favorable par un présent, et j'emportai une boîte de poudre, de l'ambre, du tabac et mon parasol ; puis, comme je supposais que mes paquets seraient visités, je cachai quelques articles sous le toit de la cabane que j'occupais, et je me mis un habit bleu tout neuf pour qu'on ne me le volât pas..... Les maisons qui appartiennent au roi et à sa famille sont entourées d'un haut mur de terre qui en fait une citadelle, et l'intérieur est divisé en plusieurs cours. A la première entrée, je remarquai un noir debout, le mousquet sur l'épaule, et je trouvai le passage très embarrassé par des sentinelles placées aux différentes portes. Quand nous arrivâmes à l'entrée de la cour où réside le roi, mon guide et mon interprète, suivant la coutume, ôtèrent leurs sandales, et le premier prononça à haute voix le nom du souverain jusqu'à ce qu'on lui répondît de l'intérieur. Nous trouvâmes Almami assis sur la natte, ayant près de lui deux personnes. Je répétai ce que je lui avais déjà dit concernant le but de mon voyage, et quelles étaient mes raisons pour traverser son pays. Il ne me sembla toutefois qu'à demi satisfait. L'idée de voyager par curiosité lui était tout-à-fait nouvelle. Toutefois, quand je lui offris de lui montrer le contenu de mes valises, il fut convaincu. Mais alors examinant mon habit bleu, dont les boutons jaunes semblaient surtout fixer son attention, il me le demanda nettement, m'assurant, pour me faire honneur, qu'il le porterait dans les grandes occasions..... Que faire?.... Malgré ma vive contrariété, j'ôtai mon pauvre habit, le seul bien que je possédasse, et je le lui remis. Alors, pour répondre à cette générosité, il me donna une grande abondance de provisions et me pria de le venir voir, le matin encore. Je m'y rendis, et le trouvai assis sur son lit. Il était malade, disait-il, et désirait que je lui tirasse un peu de sang. Mais aussitôt qu'il vit son bras ligaturé et que la lancette brilla, Almami trouva qu'il se sentait mieux. Mais, par compensation, il m'apprit que ses femmes avaient grande envie de me voir, et me pria de les visiter. Je ne fus pas plus tôt entré dans leur demeure que toutes ces dames noires m'entourèrent, me demandant, qui des onguents, qui de l'ambre, qui des rassades, et me présentant leurs bras à tour de rôle pour essayer du grand spécifique africain, la saignée! Ces femmes étaient d'une physionomie assez avenante, et leurs cheveux crépus étaient chargés de grains d'ambre et d'ornements d'or. Elles me raillaient sur la blancheur de mon visage et la proéminence de mon nez : elles disaient que ma peau blanche venait de ce que j'avais été plongé dans le lait étant enfant, et, quant à mon nez, elles étaient convaincues qu'on l'avait pincé chaque jour, jusqu'à ce qu'il devînt aussi saillant. De mon côté, je vantai leur beauté africaine, le noir luisant de jais de leur peau, et l'agréable dépression de leur nez ; mais alors elles m'appelèren *bouche de miel*. Cependant le roi me fit demander encore avant le coucher du soleil. Je lui portai quelques grains de verre et un peu de papier à écrire, en retour de quoi Almami me donna cinq drachmes d'or..... »

Libre de partir, dans la matinée du 23, Mungo-Park quitta Falteconda, et, vers onze heures, atteignit un petit village où il stationna le reste du jour. Dans l'après-midi, ses compagnons lui apprirent que, comme ils se trouvaient actuellement sur la frontière du Bondou et du Kadjaaga, et que les voyageurs n'étaient pas sans danger, il serait nécessaire de voyager la nuit jusqu'à ce qu'on eût atteint une partie plus hospitalière du pays. Park adhéra à cette proposition et loua deux guides pour traverser les bois ; puis, dès que les habitants du village furent couchés, il s'échappa par un clair de lune magnifique. Le calme de l'air, le hurlement des bêtes féroces et la profonde solitude de la forêt rendaient la marche imposante et solennelle. Aucun des voyageurs ne disait mot ; tous étaient attentifs, et c'était à qui prouverait sa sagacité en montrant du doigt les loups et les hyènes qui glissaient comme des ombres d'un hallier à l'autre. Vers le matin, on arriva à un village du nom de Kimmou, où les guides éveillèrent une de leurs connaissances et où on fit halte pour faire manger les ânes et rôtir quelques noix de terre pour les hommes. Au point du jour on se remit en route, et dans l'après-midi on atteignit Djoag, dans le Kadjaaga.

LE KADJAAGA.

Les Français appellent *Galam* ce royaume du Kadjaäga. L'air et le climat sont purs et salubres. La contrée est capitonnée de collines, décorée de vallées, et les sinuosités de la rivière du Sénégal, qui descend des rochers de l'intérieur du pays, rend le paysage fort pittoresque.

On nomme les naturels *Serrawoullis*, ou *Seracolets*, comme disent les Français. Leur teint est d'un noir de jais, et sur ce point on ne peut les distinguer des Jaloffs. Les Serrawoullis sont un peuple marchand; ils entretenaient autrefois avec les Français un grand commerce d'or. Ils passent pour justes et accommodants; mais rien n'égale leur ardeur pour acquérir des richesses et tirer un bénéfice considérable de la vente du sel et des étoffes de coton dans les contrées éloignées.

La caravane de Mungo-Park arriva à Joag, ville frontière du royaume, le 24 décembre, et les voyageurs s'établirent dans la maison du chef, qui, là, n'est plus connu sous le nom d'alcaïd, mais de *douti*. Le douti de Joag était un musulman rigide, mais hospitalier. Il commande à une ville de dix mille habitants, peut-être, entourée d'une haute muraille, dans laquelle sont pratiquées de nombreuses meurtrières pour l'usage du fusil en cas d'attaque.

Le soir venu, Madibou, le buchrinn qui accompagnait Mungo-Park depuis Pisania, alla visiter son père et sa mère qui habitaient une ville voisine, Dramanet. Le forgeron se joignit à lui.

Quand la nuit fut tout-à-fait tombée, Mungo-Park fut prié d'assister aux divertissements des habitants, car il est d'usage parmi eux, à l'arrivée des étrangers, de les amuser de toutes manières. L'Anglais trouva une multitude de curieux rassemblés autour d'une bande de noirs qui dansaient à la clarté de grands feux et au son de quatre tambours battus avec une grande précision de mesure. Ces danses consistaient plus en gestes qu'en altitude de force ou de grâce.

Le 25 décembre, à deux heures du matin, des cavaliers entrèrent dans la ville, et, ayant réveillé mon hôte, ils lui parlèrent quelque temps en serrawoulli, après quoi ils descendirent et vinrent au bentang où Mungo-Park était couché. Ces gens firent aussitôt main-basse sur les bagages de l'infortuné voyageur, et enlevèrent une partie des objets qu'ils renfermaient.

C'était au nom et au profit du roi de Kadjaaga qu'ils agissaient ainsi.

Ce fut une horrible épreuve pour Mungo-Park : aussi tomba-t-il dans un profond découragement.....

Alors, comme il était tristement assis sur le bentang, mâchant des brins de paille, une vieille né gresse esclave, qui passa près de lui avec un panier sur la tête, lui demanda *s'il avait eu son dîner.* L'Anglais crut tout d'abord que cette femme se moquait de lui, et ne lui répondit rien. Mais Demba, le petit domestique, répondit pour lui et dit que les envoyés du roi lui avaient tout pris. Aussitôt, la vieille négresse, avec un regard bienveillant, ôta son panier de dessus sa tête, et lui montrant qu'il renfermait des noix de terre, lui demanda s'il voulait en manger. Sur sa réponse affirmative, elle en offrit plusieurs poignées à Mungo-Park et s'éloigna avant qu'il eût eu le temps de la remercier de cette provision venue si à propos.

Excellente négresse ! elle avait connu la souffrance de la faim, et sa propre misère la rendait compatissante pour les douleurs des autres.....

La vieille négresse avait à peine quitté le désolé voyageur, qu'il reçut la nouvelle de l'arrivée d'un neveu de Demba-Sego-Jalla, le roi de Kasson, qui voulait lui rendre visite. Il était venu en ambassade près de Batcheri, le cruel roi de Kadjaaga, et il était sur le point de s'en retourner ; mais, ayant appris qu'un blanc, allant à Kasson, se trouvait à Joag, la curiosité le poussa vers le blanc. Mungo-Park lui représenta dans quelle situation l'avaient mis les gens du roi. Alors le neveu du roi de Kasson lui offrit sa protection et lui dit qu'il serait son guide jusqu'au Kasson, pourvu qu'il fût prêt à partir le lendemain matin.

En effet, le 27 décembre, au point du jour, la caravane se mit en route.

Le protecteur de l'Anglais, qui s'appelait Demba-

Sego, du nom de son oncle, avait une nombreuse suite. La troupe, au départ de Joag, se composait de trente personnes et de six ânes chargés. On chemina gaîment pendant quelques heures sans la moindre circonstance remarquable, quand on atteignit à une sorte de chêne dont Johnson, l'interprète, s'était enquis plus d'une fois. Quand on l'atteignit enfin, Johnson pria de l'attendre un moment ; et alors prenant un poulet blanc qu'il avait acheté à Joag tout exprès, il l'attacha par la patte à une des branches, et dit ensuite que l'on pouvait continuer de marcher, le voyage devant être heureux désormais.

A midi on avait atteint Cungadi, grande ville où l'on resta environ une heure, jusqu'à ce que les ânes, restés en arrière, arrivassent. On remarqua à Cungadi des dattiers nombreux et une mosquée bâtie de terre avec six petites tours surmontées chacune d'un œuf d'autruche.

Un peu avant le coucher du soleil, la caravane arrivait à Sami, ville située sur les rives du Sénégal, magnifique rivière à cet endroit, mais peu profonde et qui coule lentement sur un lit de sable et de gravier. Ses bords sont élevés et couverts d'une riche verdure ; le pays est découvert et cultivé, et les montagnes de Felow et de Bambouk ajoutent beaucoup à la beauté du paysage.

Le 28 décembre, de Sami l'on marcha vers Kayi, où l'on arriva dans l'après-midi. Kayi est un grand village placé en partie sur la rive nord, en partie sur la rive sud du Sénégal. Un peu au-dessus de ce fleuve on voit une cataracte considérable au-dessous de laquelle la rivière est très noire et très profonde. Après avoir appelé et tiré des coups de fusil, les habitants de Kasson aperçurent les voyageurs et vinrent avec un canot. Il ne semblait pas possible cependant que l'on fît descendre les animaux du haut en bas du bord, qui était de quarante pieds au-dessus de l'eau ; mais les nègres s'emparèrent des chevaux et les lancèrent par une sorte de tranchée qui était presque perpendiculaire, et semblait polie par un fréquent usage de ce moyen de transport. Les animaux terrifiés, une fois lancés à l'eau, les hommes descendirent comme ils purent. Alors le batelier saisissant le plus vigoureux des chevaux au moyen d'une corde, le conduisit dans l'eau, et avec quelques coups de rames éloigna un peu le canot de la rive. Ensuite une attaque générale commença sur les autres chevaux, qui, se voyant harcelés de tous les côtés, plongèrent dans le fleuve et suivirent leur camarade. Quelques domestiques se mirent à la nage derrière eux, et en leur jetant de l'eau quand ils essayaient de revenir, ils les poussèrent en avant. Au bout de quinze minutes on eut ainsi la satisfaction de les voir tous sains et saufs sur l'autre bord.

LE KASSON.

« Nous ne fûmes pas plus tôt en sûreté sur la rive de Kasson, continue Mungo-Park, que Demba-Sego me dit que j'étais dans les domaines de son oncle, et qu'il espérait, qu'à présent que j'étais tiré d'affaire, je prendrais en considération l'obligation que je lui avais et que je reconnaîtrais par un joli présent les peines qu'il avait prises. Comme il savait à quel point j'avais été pillé à Joag, cette proposition m'abasourdit.... Mais comme il eût été inutile de me plaindre, je ne fis aucune observation et lui donnai sept bars d'ambre et un peu de tabac. Demba-Sego parut satisfait. »

On arriva à Tissi dans la soirée du 25 décembre : Mungo-Park logea dans la hutte de Demba-Sego.

« Le lendemain matin, dit notre Anglais, Demba-Sego me présenta à Tigghity-Sego, frère du roi de Kasson et chef de Tissi. Ce vieillard me regarda avec une grande curiosité, car il n'avait encore vu aucun blanc, disait-il, si ce n'est un Anglais : et au portrait qu'il me fit je reconnus le major Houghton. En réponse à ses questions, je lui dis les motifs qui me portaient à explorer le pays ; mais je vis bien qu'il ne croyait pas à la sincérité de mes paroles, et qu'il me soupçonna de méditer quelque projet que je n'osais avouer. Il me dit qu'il serait nécessaire que je me rendisse à Kouniakari, pour offrir mes hommages au roi ; mais il me pria de revenir le voir avant de quitter Tissi. »

Hélas ! à Tissi comme à Joag, l'infortuné Mungo-Park allait être encore dépouillé du peu qui lui restait. Le vieux Tigghity-Sego exigea un présent. Toute résistance était vaine. Demba-Sego alla donc trouver Mungo-Park, suivi de nègres nombreux, pour voir en quoi consisterait le cadeau réservé à Tigghity-Sego. Comme le pauvre Anglais était préparé à cette visite, il offrit sept bars d'ambre et cinq de tabac. Après avoir examiné froidement ces objets.

Demba les mit à terre et dit à Mungo-Park que ce n'était pas là un présent à offrir à un homme de l'importance de Tigghity-Sego, qui était à même de faire de lui ce qu'il lui plairait. Il ajouta que si l'Anglais ne consentait pas à présenter un don plus considérable, il porterait tous ses bagages à son père, qui choisirait. Mungo-Park dut s'incliner devant la nécessité. Il livra ses valises ; puis, en recueillant les débris épars de sa petite fortune, il reconnut que, de même qu'à Joag, il avait été pillé de la moitié de ce qu'il possédait ; de même, à Tissi, on lui enlevait la moitié du reste. Malheureusement il n'y avait aucun remède, et il se détermina sans retard à s'éloigner de ces lieux maudits.

En effet, le 10 janvier, de grand matin, Mungo-Park quitta Tissi. Vers midi, sa caravane gravissait une montagne d'où la vue s'étendait sur de longues chaînes qui ceignent Kouniakari. Le soir on atteignit un petit village où l'on coucha, puis dès le lendemain au matin on traversa, après quelques heures, une étroite et profonde rivière nommée Kricko, branche du Sénégal. Deux milles plus loin, dans l'est, on traversa Madina, et enfin, vers deux heures, les voyageurs étaient en vue de Jumbo, ville natale du forgeron, d'où cet homme était absent depuis quatre ans.

Bientôt, son frère, qui avait été instruit de son arrivée, arriva à sa rencontre, accompagné d'un chanteur. Il amenait un cheval pour Tami, afin qu'il pût entrer d'une façon distinguée dans sa ville, et il pria chacun de nous de mettre une bonne charge de poudre dans nos fusils. Alors le chanteur se mit en

tête, suivi des deux frères, et la caravane fut jointe
en ce moment par beaucoup de gens venus de la ville,
qui témoignaient la joie qu'ils éprouvaient à revoir
leur vieille connaissance le forgeron, par les bonds
et les chants les plus extravagants du monde. A
l'entrée en ville, le chanteur improvisa une chanson
en l'honneur du forgeron, par laquelle il exaltait son
courage qui lui avait fait surmonter tant de difficultés, et qui se terminait par une vigoureuse in-
jonction à ses amis de lui préparer une abondante
nourriture. Arrivés à la maison du forgeron, les
voyageurs descendirent de cheval et firent feu. L'en-
trevue entre ses parents et lui fut très tendre; car
ces grossiers enfants de la nature, libres de toute
retenue, laissèrent voir leur émotion et l'exprimè-
rent de la façon le plus énergique. Au milieu de
ces transports on amena la vieille mère du forgeron;
la vieille négresse appuyait sur un bâton ses pas
chancelants. Tout le monde s'écarta devant elle, et
alors elle étendit sa main pour souhaiter la bien-
venue à son fils. Etant totalement aveugle, elle lui
toucha les mains, le bras et le visage avec la plus
grande attention, et sembla très heureuse de ce
que ses derniers jours étaient embellis par le retour
de son enfant, et de ce que ses oreilles pouvaient
encore entendre la musique de sa voix.

Cette scène donne la preuve que quelle que soit
la différence de la conformation du nez et de la couleur de la peau, qui sépare l'Européen du nègre, il
n'y en a aucune entre les sympathies du cœur et
les sentiments de notre commune nature.

« Le 15 janvier 1796, à environ huit heures du

matin, dit la relation de Mungo-Park, nous nous rendîmes à l'audience du roi Demba-Sego-Jalla ; mais la foule du peuple accourue pour me voir était si grande, que je pouvais à peine arriver. Un passage m'ayant enfin été ouvert, je fis mon salut au monarque, que nous trouvâmes assis sur une natte dans une grande hutte. Il paraissait âgé de soixante ans. Ses succès à la guerre et sa douceur en temps de paix l'avaient rendu cher à tous ses sujets. Il m'examina avec beaucoup d'attention, et quand on lui eut expliqué l'objet de mon voyage et les raisons qui m'engageaient à traverser son pays, le bon vieux roi non-seulement parut très satisfait, mais il me promit toute l'assistance qui serait en son pouvoir. Il me dit qu'il avait vu le major Houghton et lui avait fait présent d'un cheval blanc ; mais qu'après avo r traversé le royaume de Kaarta, il avait perdu la vie dans le pays des Maures ; toutefois, il ne put me dire comment. L'audience finie, nous retournâmes à notre logement.

» Comme j'avais éprouvé dans le commencement de mon voyage combien la protection d'un souverain était nécessaire, je me déterminai à attendre que des messagers, que j'envoyai dans le Kaarta, fussent revenus.

» Le 26 janvier, vers le milieu du jour, je me rendis sur une montagne au sud de Soulo, où je jouis de la plus délicieuse perspective de tout le pays. Le nombre des villes et des villages, et la vaste culture qui les entourait, surpassait tout ce que j'avais vu alors en Afrique .

» Bref, le 1ᵉʳ février, les messagers arrivés du

Kaarta, donnèrent la nouvelle que la guerre n'était pas entamée entre les rois de Kaarta et du Bambarra, et que je pourrais probablement traverser le Kaarta avant l'invasion du pays par l'armée de Bambarra. »

Mungo-Park se mit donc en route, le 3 du même mois, avec deux guides pour le conduire jusqu'à la frontière. Il prit donc congé du roi, et se sépara de son compagnon de voyage, le forgeron Tami. Il marcha tout le jour par un pays de montagnes et de rochers, le long de la rivière Kricko, et, au coucher du soleil, il fit halte au village de Soumo, où il coucha.

LE KAARTA.

Le 4 février, il continua sa route le long de la même rivière, dont les bords étaient très bien cultivés et fourmillaient de nègres et de négresses, occupés aux travaux des champs. La population était alors renforcée par nombre de gens qui étaient venus du Kaarta s'y réfugier, à cause de la guerre du Bambarra. Dans l'après-midi, on atteignit Kimo, grand village où résidait Madi-Kouko, gouverneur de la contrée montueuse du Kasson. Le 7 février, notre Anglais quittait Kimo, avec le fils du gouverneur pour guide, et suivit encore le Kricko jusqu'à Kandji, ville assez considérable. Le 8, il traversa une région fort pierreuse, et il arriva enfin à Lackarago, sur la frontière du Kasson et du Kaarta. On rencontrait alors des centaines de naturels qui fuyaient Kaarta avec leurs familles et leurs bagages.

Le 12, au point du jour, la petite caravane partait de Karankalla, et comme il n'y avait plus qu'une petite journée pour arriver à Kemmou, la capitale du Kaarta, elle voyagea en s'amusant à cueillir des fruits le long de la route. A midi, à peu près, elle découvrait cette ville, située au milieu d'une plaine découverte, la contrée étant dépouillée de bois à deux milles à la ronde par suite de la grande consommation qui se fait pour le chauffage. A deux heures, Mungo-Park entrait dans Kemmou.

« Nous allâmes tout droit à la cour qui occupe le devant du palais du roi, dit le voyageur dans ses mémoires ; mais j'étais tellement entouré d'une multitude ébahie, que je n'essayai pas de descendre de cheval et me contentai d'envoyer pour prévenir le roi de mon arrivée. Celui-ci me fit signifier le désir de me voir, le soir. Le messager avait la mission de me procurer un logement, et de veiller à ce que la foule ne me molestât pas. Il me conduisit dans une cour, à la porte de laquelle stationnait un homme armé d'un bâton pour écarter les curieux, et là il me montra une grande hutte où je devais loger. J'étais à peine assis dans ce spacieux logement, que nègres et négresses entrèrent en grand nombre. Il fut impossible de les maintenir dehors, et je fus entouré par autant de monde que la hutte pouvait en recevoir. La hutte se vida et se remplit de la sorte jusqu'à treize fois. Un peu avant le coucher du soleil, le roi me fit demander. Je suivis l'envoyé au travers de cours nombreuses entourées de hauts murs, dans lesquelles je vis beaucoup d'herbe sèche bottelée comme du foin, pour nourrir les chevaux dans le cas où la ville serait investie.

» Quand j'entrai dans la cour où le roi était assis, je fus étonné du nombre des gens de sa suite, et du bon ordre qui paraissait régner parmi eux. Ils étaient tous assis les hommes de guerre à la droite du roi, les femmes et les enfants à sa gauche, laissant un passage pour moi. Le roi, appelé Daisy-Kourabarri, ne se distinguait de ses sujets par aucune supériorité dans le costume. Un banc de terre de deux pieds de haut, sur lequel était étendue une peau de léopard, constituait le seul insigne de la dignité royale. Quand je fus assis sur la terre devant lui, et que je lui racontai les diverses circonstances qui m'amenaient à passer à travers son pays, et les raisons qui me portaient à solliciter sa protection, il parut parfaitement satisfait.

» Dans la soirée, Daisy-Kourabarri m'envoya un beau mouton, présent très bienvenu, car aucun de nous n'avait pris de nourriture de tout le jour. Tandis que nous apprêtions notre souper, on commença les prières du soir, non par le cri habituel du prêtre, mais par le bruit du tambour et des sons prolongés tirés des dents d'éléphant, creusées de façon à en faire une trompe dont le son est mélodieux, et ressemble plus que tout autre son artificiel à la voix humaine. Comme le corps principal de l'armée était à Kemmou, les mosquées étaient pleines, et je remarquai que les disciples de Mahomet formaient au moins la moitié de l'armée du Kaarta.

» Le 13 février, je fis présent au roi de mes pistolets de selle et de mes arçons, et, très pressé de quitter un lieu qui allait devenir le théâtre de la guerre, je priai le messager du roi de lui faire savoir que je désirais quitter Kemmou. Une heure après, le prince m'envoya remercier de mon présent, et huit cavaliers pour me conduire à Jarra. »

En effet, dans la soirée, Mungo-Park s'étant éloigné de Kemmou, coucha au village de Marina. Il ne voyagea que lentement, le lendemain, à cause de l'excessive chaleur, et il arriva le soir à Tourda, où les gens du roi le quittèrent, sauf ceux qui devaient pousser jusqu'à Jarra. Le 15, comme la caravane approchait de Funing-Kedy, les habitants furent en grand émoi, car l'un des guides étant coiffé d'un turban, on crut que c'étaient des bandits maures qui approchaient. Cette méprise fut bientôt dissipée. Le 17, on partit avec au moins trente nègres et négresses qui s'enfuyaient dans le Ludamar, à cause de la guerre. Alors on voyagea grand train et en silence jusqu'à minuit, heure à laquelle on s'arrêta dans un enclos près d'un petit village où les nègres ne purent dormir à cause du froid, qui était très vif. Le 18, on continua à cheminer. A huit heures, on traversait Fimbing, village frontière du Ludamar, situé dans une plaine entre deux montagnes rocheuses et entouré d'une haute muraille. C'est de ce village que le major Houghton, abandonné par ses esclaves nègres qui refusaient de le suivre dans le pays des Maures, écrivit au crayon la dernière lettre adressée au docteur Laidley. A environ quatre milles plus loin au nord, les voyageurs trouvèrent un cours d'eau, où ils virent beaucoup de chevaux sauvages. Ils étaient tous de la même couleur et s'enfuirent au galop, à leur aise toutefois, car ils faisaient de fréquentes haltes pour regarder derrière eux. Les nègres les chassent pour les manger, et leur chair est très estimée.

« A midi, continue Mungo-Park, nous entrâmes dans Jarra, grande ville située aux pieds de quelques rochers. Là, j'obtins un logement dans la maison de Daman-Djumma, slaté de Gambie. Cet homme avait autrefois emprunté des marchandises au docteur Laidley pour une valeur de six esclaves, et bien que la dette eût une date de cinq années, il la reconnut néanmoins, avec empressement même, et me promit tout l'argent qu'il pourrait se procurer. »

Alors un messager fut expédié vers Ali, chef des Maures, dont le camp était près de Benoûm, et pour assurer le succès de la démarche, Mungo-Park lui envoya un présent de cinq vêtements d'étoffe de coton échangés dans ce but contre un fusil de chasse. Après quatorze jours d'attente, un esclave d'Ali arriva chargé de conduire l'explorateur jusqu'à Goumba.

Avant de partir, Park remit, le 27 février, la plus grande partie de ses papiers à Johnson, pour les porter en Gambie. Il s'en réserva un duplicata ; puis, après avoir diminué son bagage, afin de ne pas tenter la cupidité des Maures, il s'éloigna de Jarra et alla coucher à Troum-Goumba, petit village muré, habité par des nègres et des Maures. Le 28, il atteignit Quira, et le 29 Compé, qui est tout entier aux Maures.

Les Maures, comme chacun sait, forment une nation avide, querelleuse, cruelle et impitoyable. Voler et piller. telle est leur unique occupation. Ces méchantes gens s'assemblèrent autour de la hutte où campait le voyageur blanc, et ils le traitèrent avec la plus grande insolence. Ils lui dirent des injures, le sifflèrent, le huèrent : ils allèrent même jusqu'à lui cracher au visage, afin de l'irriter et de trouver un prétexte pour le dépouiller. Lorsque enfin ils virent leurs efforts impuissants, ils eurent recours à leur grand argument : C'est un chrétien ! Dès lors la valise du chrétien devenait un butin légitime pour les sectaires de Mahomet. Ils enlevèrent tout ce qui leur plut.

- Néanmoins, le 4 mars, l'infortuné Park se dirigea vers Sampoka. Il trouva sur sa route d'innombrables sauterelles : les arbres en étaient noirs. Ces insectes dévorent en effet dans ces contrées tous les végétaux qui se trouvent sur leur chemin, et, en peu de temps, toute trace de végétation disparaît. Le bruit de leurs excréments tombant sur les feuilles et l'herbe sèche ressemble beaucoup à celui que produit une ondée. Si on frappe un de ces arbres, le nuage qui s'envole est d'une épaisseur effrayante. Les sauterelles suivent dans leur vol le cours du vent, qui, dans la saison de l'année où se trouvait Mungo-Park, souffle du nord-est. Si le vent venait à changer, il serait difficile de concevoir où ils prendraient de la nourriture, puisque toute leur route est marquée par la désolation.

Sampoka, que Mungo-Park atteignit le 9 mars, est une grande ville; mais il la quitta le 5 au point du jour et arriva le soir à Dalli. Il rencontra sur sa route deux grands troupeaux de chameaux qui paissaient. Quand les Maures font paître leurs chameaux, ils leur lient une des jambes de devant pour les empêcher de s'écarter et de fuir. Il se trouva que Dalli était en fête, et on dansait devant la porte du douti. Aussitôt que les danseurs furent avertis qu'un blanc était entré dans la ville, ils quittèrent leur danse et vinrent en procession régulière, musique en tête, deux à deux, à l'endroit où logeait le voyageur.

Le 12 mars, à Dina, Mungo-Park trouva un des fils d'Ali, qu'il dut aller saluer. Celui-ci était assis dans une hutte basse avec cinq ou six de ses compagnons. Il se lavait, et reçut fort mal le pauvre Anglais.

« A cinq heures, écrit-il, nous fûmes en vue de Benoum le même 12 mars. C'était là que résidait Ali. Le camp présentait à l'œil un grand nombre de tentes sales, éparses sur un vaste terrain ; et parmi les tentes se montraient de grands troupeaux de chameaux, de bétail et de chèvres. Nous arrivâmes sur les premières lignes du camp un peu avant le coucher du soleil, et après beaucoup d'instances, nous nous procurâmes un peu d'eau. Mon arrivée ne fut pas plus tôt remarquée, que les gens qui tiraient de l'eau dans les puits laissèrent tomber leurs seaux ; ceux qui étaient dans les tentes s'élancèrent à cheval, et les hommes, les femmes et les enfants vinrent en course et au galop à ma rencontre. Je me trouvai bientôt enveloppé d'une telle foule que je ne pouvais plus remuer. L'un me tirait mes habits, l'autre m'ôtait mon chapeau, un troisième s'avançait pour examiner les boutons de mon habit. Enfin nous parvînmes à la tente du roi, où nous trouvâmes réunis un grand nombre de gens, hommes et femmes. Ali était assis sur un coussin de cuir noir, et occupé à s'arracher quelques poils des moustaches, tandis qu'une femme tenait un miroir devant lui. Il paraissait vieux, avait la physionomie des Arabes, et sa barbe était blanche. Il avait un aspect farouche et dédaigneux. Après m'avoir examiné avec attention, il demanda aux Maures si je parlais arabe. Quand on lui répondit négativement, il sembla très surpris et resta muet. Ceux qui l'entouraient, et les femmes surtout, étaient beaucoup plus curieux. On me faisait mille questions; on examinait toutes les parties de mon costume. Après m'avoir fouillé, on me contraiguit à déboutonner mon gilet et à montrer la blancheur de ma peau. Quelques-uns allèrent même jusqu'à compter mes doigts et mes orteils, comme s'ils mettaient en doute que je fusse un être humain.

MAURES. — AVENTURES.

» C'est alors que je fus exposé aux plus cruels outrages et que j'eus à souffrir la plus dure captivité. Les détails en seraient trop longs. »

Après deux mois d'une affreuse captivité, comme les armées du Bambarra approchaient, et que tout le monde s'apprêtait à fuir, Mungo-Park, grâce à la pitié d'une des femmes d'Ali, put se soustraire aux vexations des Maures et s'enfuit.....

« Il est impossible, dit-il, de décrire la joie qui se répandit en mon âme, quand je regardai autour de moi et que je me trouvai hors de danger. J'avais dans les membres une légèreté inaccoutumée, le désert même me semblait riant ; mais je ne craignais rien tant que de retomber dans quelque parti de Maures...

» Je sentis toutefois bientôt que ma situation était par le fait déplorable, car je n'avais aucun moyen de me procurer des aliments, et j'étais sans espoir de trouver de l'eau. Vers dix heures environ, ayant aperçu un troupeau de chèvres qui paissaient sur le bord de la route, je fis un détour pour ne pas être vu, et je continuai de traverser le désert, me dirigeant vers l'est-sud-est. Un peu après midi, heure à laquelle la brûlante ardeur du soleil était reflétée avec une double violence par le sable brûlant et les rangées lointaines de montagnes, qui semblaient ondoyer et flottaient comme une mer agitée, je m'évanouis presque de soif, et m'efforçai de grimper sur un arbre dans l'espérance de voir une fumée éloignée ou quelque autre apparence d'habitation ; mais, hélas ! je ne vis que des taillis épais et des collines de sable blanc.

» A quatre heures environ, je me trouvai à l'improviste près d'un grand troupeau de chèvres, et, poussant mon cheval près d'un buisson, je regardai pour m'assurer si les bergers étaient Maures ou nègres. Bientôt j'aperçus deux petits garçons maures et je les décidai difficilement à s'approcher de moi. Ils m'apprirent que ce troupeau appartenait à Ali... Alors je m'éloignai aussi vite que je pus, en quête de quelque puits. Ma soif devenait en effet insupportable : ma bouche était en feu et desséchée.

« Souvent mes yeux devenaient ternes tout-à-coup, e
j'avais mille symptômes de défaillance. Mon cheval
étant de plus très fatigué, je commençai à craindre
sérieusement de périr de soif. Pour soulager le feu
de ma bouche et de ma gorge, je mâchai les feuilles
de plusieurs arbrisseaux, mais toutes étaient d'une
amertume révoltante. »

Un peu avant le coucher du soleil, ayant atteint
le sommet d'une éminence, Mungo-Park put s'assurer, non sans consternation, qu'il n'y avait aucune
habitation dans un rayon fort éloigné. Désolé, mais
non découragé, l'intrépide voyageur profita de la
soirée un peu plus fraîche pour marcher à pied, à
côté de son cheval épuisé, et chercher un abri.
Enfin un éclair vint lui annoncer qu'un orage se
préparait : en effet, il éclata bientôt, et une pluie
abondante tomba de manière à rafraîchir l'homme
et la bête. Mais, comme il n'y avait pas de lune et
qu'il faisait très sombre, ce fut à l'aide de sa boussole étudiée à la lueur de la foudre, que Mungo-
Park marcha jusqu'à minuit. A cette heure, les
éclairs devinrent plus rares, et notre explorateur fut
obligé de n'avancer qu'à tâtons.

« A deux heures environ, mon cheval tressaillit,
continue la relation ; je regardai et ne fus pas peu
surpris de voir à une courte distance une lumière
dans les arbres. En approchant, je vis d'autres lu-
mières éparses et je crus que j'étais tombé dans un
parti de Maures. Je ne m'avançai qu'avec précaution, et au bruit de quelques voix, effrayé, je ré-
solus encore de m'enfoncer dans les bois plutôt que
de retomber entre les mains de mes ennemis. Tou-

tefois, comme j'étais très altéré et que je redoutais l'approche du jour brûlant, je jugeai prudent de chercher des puits que je m'attendais à trouver à une courte distance. Cette préoccupation fit que je passai si près d'une des tentes, qu'une femme m'aperçut et se mit à crier... Deux hommes accoururent, et passèrent si près de moi que je me crus perdu. Je me hâtai donc de rentrer dans les bois...

» A un mille environ de ce lieu, j'entendais à ma droite un bruit confus, mais fort, et bientôt je découvris qu'il fallait l'attribuer au croassement des grenouilles, ce qui, à mes oreilles, était une céleste musique. Je suivis le bruit, et j'arrivai au point du jour à quelques étangs boueux, si plcins de grenouilles qu'il était difficile de voir l'eau. Leur concert effraya mon cheval, et je fus obligé de le faire cesser en battant l'eau avec une branche jusqu'à ce que mon cheval eût bu.

» Après y avoir étanché ma soif, je montai sur un arbre, et j'aperçus bientôt la fumée de la station près des puits que j'avais vue pendant la nuit : je vis aussi une autre colonne de fumée à l'est-sud-est, à douze ou quatorze milles. Je dirigeai ma route vers ce point. Là, je trouvai un grand nombre de nègres occupés à planter du blé, et m'enquis du nom de la ville. On m'apprit que c'était un village du nom de Schrillo, appartenant à Ali. J'hésitai alors à y entrer. Mais, comme mon cheval était très fatigué et que le jour devenait très chaud, pour ne rien dire des angoisses de la faim qui commençaient à me torturer, je m'aventurai vers la maison du douti, où malheureusement on refusa de me recevoir, sans même me donner une poignée de blé pour mon cheval et pour moi. Aussitôt, m'éloignant de cette porte inhospitalière, je quittai la ville à pas lents, et, apercevant quelques huttes éparses, hors des murs, je me dirigeai de ce côté, car je savais qu'en Afrique comme en Europe l'hospitalité ne préfère pas toujours les plus riches demeures. A la porte d'une de ces huttes était assise une femme à l'air respectable, filant du coton. Je lui fis signe que j'avais faim et lui demandai si elle avait quelques vivres dans sa hutte. Elle quitta tout aussitôt sa quenouille et me dit en arabe de la suivre. Quand je fus assis sur le plancher, elle me servit un plat de couscous qui restait de la veille, et dont je fis un assez bon repas. En retour de cette bonne action, je lui donnai un de mes mouchoirs de poche, en lui demandant un peu de blé pour mon cheval : elle m'en apporta immédiatement. Accablé de joie, je levai mes yeux au ciel, et, le cœur plein de reconnaissance, je rendis grâce à cet être miséricordieux et bon, dont la générosité me soutenait dans tous mes dangers et me dressait une table dans le désert. »

ROYAUME DU BAMBARRA.

Le 4 juillet, à la pointe du jour, Mungo-Park se remit en marche par les bois, comme les jours précédents : il y vit nombre d'antilopes, d'autruches, de cochons sauvages, etc.; mais le sol était plus montueux et moins fertile que celui qu'il avait foulé auparavant. Vers onze heures, il gravit une éminence où, du haut d'un arbre, il voyait à une grande distance une contrée ouverte avec des places rouges, qu'il prit pour des terres cultivées. Il jugea que ce pays était foulah, et il y espéra un meilleur accueil qu'à Schrillo. En effet, quand il fut dans un premier village, pour un bouton de cuivre de son habit, il obtint du blé pour son cheval, et après avoir reçu l'hospitalité d'un berger, il rentra dans les bois. Au coucher du soleil, il atteignit une route se dirigeant vers le Bambarra. Il résolut de la suivre et arriva, le 5 juillet, à un village nègre du nom de Naura, dans le Kaarta, habité par des Mandingues et des Foulahs. Il s'y reposa en sûreté, bien accueilli por le douti, appelé Flantchari, chez lequel il dormit sur une peau de bœuf.

« Les habitants du village, ayant vu la selle et la bride de mon cheval, s'étaient réunis en grand nombre pour se demander qui j'étais et d'où je venais. Quelques-uns pensaient que j'étais Arabe; d'autres soutenaient que j'étais sultan maure, et ils débattaient ce point avec tant de chaleur qu'ils me réveillèrent. Le douti, qui était allé en Gambie, s'interposa en ma faveur, et assura que j'étais certainement un blanc, mais qu'il était convaincu, à ma pauvre mine, que j'étais un blanc pauvre. »

Le 6 juillet, il plut beaucoup pendant la nuit. Néanmoins Mungo-Park se mit en route avec un nègre, qui le quitta presque aussitôt, par suite d'une chute de son âne. Notre explorateur arriva vers midi à Dinghyi. Un vieux Foulah l'ayant remarqué errant dans la ville, dont les habitants étaient aux champs, le fit entrer dans sa demeure, le traita bien, et le douti lui envoya même quelques provisions. Puis, le 7 juillet, au moment où il partait, le vieux Foulah lui demanda une boucle de ses cheveux, *saphi* ou amulette très prisée par les nègres, de la part d'un blanc. A midi, notre Anglais atteignit Wassibou, où il attendit que l'occasion lui fournît un guide pour se rendre à Satilé, ville assez éloignée, à travers les bois, et sans nul sentier. Park s'établit donc chez le douti, où il resta pendant quelques jours, allant se promener ou planter du blé avec les naturels.

Enfin le 12 juillet, au point du jour, il partit avec un nègre et voyagea avec une rare vitesse jusqu'au coucher du soleil. A peine fit-on une ou deux haltes, près d'une mare, dans la forêt.

Le 26 juillet, il quittait Doulim-Kéabou, et en se reposant au milieu du jour, il reçut une quantité de lait de Foulahs qu'il rencontra sur sa route. Il apprit d'eux que quelques nègres se rendaient à Ségo, la ville vers laquelle précisément il cheminait lui-même. Il fut heureux de se joindre à eux, et on partit immédiatement. A quatre heures, on s'arrêta dans un petit village où les nègres avaient une connaissance. Celle-ci les invita tous à une sorte de banquet public, qui se passa avec une rare convenance. Un plat fait de lait aigre et de farine, nommé *sinkatou*, et de la bière de blé, furent abondamment distribués, et les femmes faisaient partie de la société, circonstance jamais encore remarquée en Afrique par Mungo-Park. On ne pressait personne; chacun était libre de boire comme il lui plaisait. Les nègres se faisaient un hochement quand ils portaient leurs coupes à la bouche, et en remettant la calebasse ils disaient ordinairement *birka* — merci ! — Hommes et femmes semblaient légèrement ivres, mais rien n'indiquait qu'ils fussent en humeur de se quereller.

« Après cet endroit, ajoute Mungo-Park, nous traversâmes plusieurs grands villages où l'on me prenait toujours pour un Maure, et où je devenais un grand objet de plaisanterie pour les Bambarras qui, en me voyant conduire mon cheval devant moi, riaient de tout leur cœur de ma tournure, de façon que, je le crois, les esclaves étaient honteux d'être avec moi. Il allait faire nuit quand nous prîmes un logement à un petit village où je me procurai des vivres pour moi et pour mon cheval, au prix modéré d'un seul bouton de mon habit.

» Là, j'appris que le lendemain, de bonne heure, je verrais le Niger, que les nègres appellent aussi *Djoliba* ou *Grande Eau*. Les lions sont très nombreux dans la contrée, aussi ferme-t-on les portes aussitôt après le coucher du soleil. L'incommode bourdonnement des moustiques m'empêcha de clore l'œil de toute la nuit. La pensée de voir le Niger, le lendemain, me tint aussi éveillé, et, avant le jour, mon cheval était sellé et j'étais prêt à partir. Mais, à cause des bêtes féroces, nous fûmes obligés d'attendre que les habitants fussent debout et les portes ouvertes. Ce jour était jour de marché à Ségo, et les routes étaient de tous côtés couvertes de gens qui y portaient des marchandises à vendre. Nous traversâmes quatre grands villages, et à huit heures nous vîmes la fumée de Ségo.

SÉGO ET LE NIGER.

» Comme nous approchions de la ville, je fus assez heureux pour rejoindre les Kaartans fugitifs, aux soins desquels j'étais si redevable pour mon voyage dans le Bambarra. Ils me proposèrent de me présenter au roi. Nous fîmes route ensemble à travers des marécages, et, comme je cherchais avidement du regard la rivière, but de mon voyage, un d'eux s'écria :

» — *Geo affili !* — Voyez l'eau !

» Et, regardant devant moi, je vis avec un plaisir infini le grand objet de ma mission, ce majestueux Niger, si longtemps cherché, étincelant au soleil du matin, aussi large que la Tamise à Westminster, et coulant lentement vers l'est. Je courus sur son rivage, et, après avoir bu de son eau, je m'élevai en ferventes prières d'action de grâces au suprême maître de l'univers, qui couronnait enfin mes efforts de succès. »

Ségo, capitale du Bambarra, est composée de quatre villes distinctes, deux sur le bord septentrional du Niger et deux sur la rive méridionale. Elles sont entourées de murailles de boue. Les maisons de Ségo sont elles-mêmes faites de terre : carrées, à toits plats, quelques-unes ont deux étages ; toutes sont blanchies. Ici et là on remarque des mosquées maures, et les rues permettent le transport de tous les genres de marchandises à bras et à dos de bêtes de somme, car on n'y connaît pas les voitures. Le roi de Bambarra réside à Ségo, et tire un revenu considérable du passage sur le Niger, que font plusieurs bacs conduits par des esclaves qui lui appartiennent. Les canots qui servent à ces bacs sont d'une forme singulière : chacun d'eux est formé des troncs de deux grands arbres, rendus concaves et joints ensemble bout à bout. Ils sont donc très longs, étroits, hors de toute proportion, et n'ont ni ponts ni mâts. Néanmoins, on les charge beaucoup, et rien de plus ordinaire que d'y voir quatre chevaux et plusieurs personnes. Lorsque Mungo-Park atteignit ce bac, il dut attendre longtemps son tour, car nombre de personnes se pressaient autour des canots ; aussi le regardait-on avec un étonnement muet. Pour lui, l'aspect de la grande ville de Ségo, les monstrueux canots sur le Niger et la culture des alentours formaient à ses yeux, dans leur ensemble, un tableau de civilisation et de magnificence qu'il ne s'attendait pas à trouver dans le fond de l'Afrique.

Mungo-Park attendait son tour depuis plus de deux heures, lorsqu'il vint un envoyé du roi Mansoug, qui avait été informé qu'un blanc était près du bac, lui dire que le prince ne pourrait le voir que quand il saurait quel motif l'avait amené dans son pays, et que, pour la nuit, il eût à demeurer dans un village qu'on lui montra du doigt. Ce début était fort désagréable. L'infortuné voyageur fut obligé de se soumettre, et, comme on l'observait avec crainte et surprise, il fut contraint de rester tout le jour assis sous un arbre, sans nourriture. Avec cela la nuit s'annonçait mal, car le vent s'élevait, et une pluie menaçante se préparait. Toutefois.

comme il allait monter dans un arbre par crainte
des bêtes féroces, et qu'il venait de donner la liberté
à son cheval, une négresse qui revenait du travail
vint à passer et regarda l'Anglais. Voyant qu'il
était abattu, exténué, elle s'informa de sa situation.
Alors, avec un regard de profonde compassion, elle
prit la selle et la bride du cheval et dit à Park de la
suivre. Aussitôt la brave négresse le conduisit dans
sa cabane; elle y alluma une lampe, étendit une
natte par terre, et lui dit qu'il pouvait y passer la
nuit. Puis, lorsqu'elle eut remarqué que le voyageur avait grand'faim, elle sortit et revint bientôt
avec un très beau poisson qu'elle fit griller à demi
sur la cendre. Ce fut le souper de Mungo-Park.
Ayant ainsi rempli les devoirs de l'hospitalité, l'excellente bienfaitrice du pauvre voyageur lui montra
la natte et lui dit qu'il pouvait y dormir sans crainte.
Alors elle appela autour d'elle toutes les femmes de
la famille qui n'avaient cessé de regarder dans un
étonnement insatiable, et elles se remirent à leur
tâche, qui consistait à filer du coton.

Hélas! Mungo-Park fut forcé de s'éloigner de
Ségo. On le conduisit à un village à huit milles dans
l'est, en compagnie de quelques habitants que son
guide connaissait, et qui l'accueillirent convenable-
ment. Son guide lui apprit qu'il le menait à Djenné,
une cité de Maures : ainsi le malheureux voyageur
allait se trouver encore une fois entre les mains de
gens qui regardaient comme un acte méritoire de
le tourmenter et même de le faire périr.

Ce qui l'affligea davantage encore, ce fut d'apprendre que Tombouctou, la ville objet spécial de

ses recherches, était également au pouvoir de ces mêmes Maures. Néanmoins il s'acheminait vers Djenné ; puis de Djenné il alla à Sansanding, de Sansanding à Sibili, de Sibili à Nyara, et enfin à Mourzan, ville de pêcheurs sur la rive septentrionale de la Djoliba ou Niger.

Il atteignit ensuite Silla, assez grande ville, après avoir traversé la rivière. Il s'y arrêta jusqu'à ce qu'il fît tout-à-fait sombre, sous un arbre, entouré de quelques centaines de personnes : leur langue était très différente de celle des autres parties du Bambarra, et il en est de même plus on avance vers l'est. Aussi Mungo-Park se décida-t-il à ne pas aller plus loin que Silla.

En effet, notre voyageur rebroussa chemin.

« Le 12 août, parti de Sansanding, dit-il, j'arrivai dans l'après-midi à Kabba. En approchant de la ville, je fus surpris de voir plusieurs personnes rassemblées à la porte. Une dilla vint alors à moi en courant, et prenant mon cheval par la bride, me fit faire le tour des murs de la ville, puis me montrant l'ouest, me dit de partir ou bien qu'il m'en arriverait mal. C'est en vain que je leur représentai le danger d'errer dans les bois pendant la nuit, exposé à l'inclémence du ciel et à la fureur des bêtes féroces.

» — Va!... fut toute leur réponse.

» Alors une multitude de peuple étant sortie, et tous me pressant de la même façon, je soupçonnai que quelques-uns des messagers du roi envoyés à ma recherche étaient dans la ville, et que ces nègres, par bienveillance, me conduisaient au-delà pour faciliter mon évasion. Je pris donc la route de Ségo avec la triste perspective de passer la nuit sur un arbre. Après trois milles à peu près, j'atteignis un petit village sur le bord du chemin. Le douti était à la porte occupé à fendre des bâtons, mais je vis qu'il n'y avait point à espérer d'y être admis, et quand j'essayai d'entrer il sauta en avant, et avec le bâton qu'il avait à la main menaça de me jeter en bas de mon cheval si j'osais avancer d'un seul pas encore. »

Mungo-Park fut donc contraint de traverser quelques champs de blé, et alla s'asseoir sous un arbre auprès d'un puits. Deux ou trois femmes vinrent y puiser de l'eau, et l'une d'elles voyant l'étranger dans une mine fort piteuse, car ses habits étaient en lambeaux, et il était malade, lui demanda où il allait. Il répondit qu'il allait à Ségo, et la pria de parler au douti. Celui-ci l'envoya chercher et lui permit de passer la nuit dans une sorte de remise où l'on faisait sécher le fruit de l'arbre sécha. Il contenait environ une demi-charretée de fruit.

Le 13 août, notre Anglais parvint à un petit village à un demi-mille de Ségo : il essaya vainement d'y obtenir quelque nourriture. Il lui était facile de deviner qu'il était suspect et qu'on avait répandu de mauvais bruits sur son compte. Et puis il sut que des gens du roi étaient venus pour le prendre.

Il évita donc d'entrer dans Ségo.

Le 16 août, il traversa une ville considérable appelée Djabbi. Là, la contrée commença à s'élever graduellement, et on pouvait distinguer dans l'ouest des chaînes de montagnes. L'humidité du sol fatigua beaucoup Mungo-Park, et même il advint, en traversant des marécages, un peu à l'ouest d'une ville appelée Gangu, que son cheval étant dans l'eau jusqu'au ventre, glissa tout-à-coup dans un trou profond, et était presque noyé avant qu'il pût sortir les pieds de la terre glaise qui composait le fond. Cheval et cavalier furent alors si complètement couverts de boue, que quand ils traversèrent ensuite le village de Callimana, le peuple les comparait à des éléphants crottés. A midi, il put enfin s'arrêter au petit village d'Yamina pour sécher ses habits et ses papiers.

« Le 17 août, de bonne heure dans la matinée, écrit Mungo-Park, je poursuivis ma route et je traversai la ville de Balaba, après laquelle le chemin quitte la plaine et suit la montagne. Je passai près de trois villes ruinées, et, à l'entrée d'une de ces villes, je montai sur un tamarin, mais j'en trouvai le fruit vert et aigre. L'aspect du pays n'était nullement engageant, car les hautes herbes et les buissons semblaient intercepter entièrement le chemin ; en outre, les terres basses étaient tellement inondées par le Niger, que ce fleuve ressemblait à un lac. Quand il me fallut traverser un bras de cette rivière, je réclamai l'aide d'un nègre que je venais d'apercevoir. Mais à peine me trouvai-je près de lui que cet homme, qui sans doute n'avait jamais vu d'Européen, se mit à dire assez bas, en cachant sa bouche de ses mains :

» — Dieu, préserve-moi ! qu'est-ce que c'est que cet homme blanc ?

» Puis, quand il m'entendit parler bambarra et

qu'il vit que j'allais du même côté que lui, il appela
de l'autre bord. Bientôt un canot conduit par deux
petits garçons sortit du milieu des roseaux. Ces enfants, pour cinquante cowries, me portèrent moi et
mon cheval de l'autre côté du Niger.

» Le soir même j'arrivai à Taffara, ville murée,
dont le douti venait de mourir. Je dus passer la nuit
sur un arbre du bentang, exposé au vent et à une
trombe des plus violentes. A minuit, le nègre qui
m'avait aidé à passer le Niger me fit visite, et voyant
que je n'avais pas trouvé de logement, il m'invita à
partager son souper. Je le fis; après quoi je dormis
sur un peu d'herbe mouillée, dans le fond d'une
cour. Mon cheval était dans une position horrible ;
son blé était épuisé, et depuis deux jours je n'avais
rien à lui donner !

» Le 20 août, je traversai la ville de Djaba, et
m'arrêtai quelques minutes dans un village nommé
Somini, où je demandai et obtins un peu de nourriture grossière que les naturels préparent avec la
balle du blé et qu'ils appellent *bon*. A dix heures,
arrivé au village de Souha, j'essayai d'acheter un
peu de blé du douti, qui était assis à la porte, mais
je ne réussis pas.

» Le 21, dès le matin, je partis de Koulikorro, et
dans l'après-midi j'arrivai à Marrabou, grande ville
fameuse, comme Koulikorro, pour son commerce de
sel. Je fus conduit chez un Kaartan qui m'accueillit
bien. Cet homme avait acquis de grandes richesses
dans le commerce des esclaves. Son hospitalité envers les étrangers l'avait fait surnommer *djati*,
— l'hôte ! — et sa maison était une sorte d'auberge

pour tous les voyageurs. Ceux qui avaient de l'argent étaient bien logés, parce qu'ils faisaient toujours quelque présent ; mais ceux qui n'avaient rien à donner devaient se contenter de ce qu'il jugeait à propos de faire ; or, comme je ne pouvais me ranger parmi les gens à argent, je fus heureux de loger dans la même hutte avec sept pauvres diables qui étaient venus de Kamcaba en canot. D'autre part, notre hôte nous envoya des vivres.

» Le 22 août, un des domestiques de mon hôte sortit avec moi pour me montrer mon chemin ; mais soit ignorance, soit malice, il me dirigea mal, et je ne m'en aperçus qu'à la chute du jour. J'étais arrivé sur le bord d'une crique profonde, et je pensais à retourner sur mes pas lorsque, m'armant de résolution, je la traversai et m'avançai à travers de hautes herbes jusqu'au village de Froukabou, où je passai la nuit.

» Le 23 août, de bonne heure, je partis pour Bammakou, que je fus très désappointé de trouver petite ville, tandis que je la croyais fort grande. On y fait un grand commerce de sel. Je logeai dans la maison d'une Serrawoulli nègre, et nombre de Maures vinrent me visiter. Ils parlaient très bien mandingue et furent pour moi plus civils que ne l'avait jamais été aucun de leurs compatriotes. Un d'eux avait visité Rio-Grande et parlait des chrétiens avec beaucoup d'éloges. Il m'envoya du riz bouilli et du lait, puis il chercha pour moi des renseignements sur la route à suivre à l'ouest, près d'un marchand d'esclaves qui avait résidé en Gambie.

» Parti de Bammakou le 24, je suivis un sentier que l'on m'avait désigné et j'atteignis les huttes de quelques bergers qui m'affirmèrent que j'étais dans le bon chemin, mais que je ne pouvais atteindre Sibidoulou pour la nuit. J'arrivai peu après au sommet d'une montagne d'où j'avais une vue étendue sur tout le pays. Un peu avant le coucher du soleil, je quittai la montagne qui formait une chaîne, et comme je cherchais un arbre commode pour y passer la nuit, je descendis dans une délicieuse vallée où je trouvai bientôt le village pittoresque de Kouma. Les habitants me firent cent questions sur mon pays, et pour me remercier de mes réponses, ils m'apportèrent du lait et du blé pour moi, et de l'herbe pour mon cheval. Ensuite ils allumèrent du feu dans une hutte, et furent très empressés à me servir.

» Le 25 août, je partis de Kouma, accompagné de deux bergers qui allaient à Sibidoulou. La route était très pierreuse et fort escarpée, et comme mon cheval s'était blessé au pied en venant de Bammakou, il voyageait lentement et avec beaucoup de peine, d'autant plus que la montée était fort rapide et si abrupte que s'il eût fait un faux pas, il était mis en pièces. Les bergers étant pressés d'arriver, s'occupèrent peu de moi et de mon cheval ; aussi prirent-ils une avance considérable. Il était onze heures quand, ayant fait halte pour boire un peu à un ruisseau, j'entendis des gens qui se parlaient à haute voix, et bientôt suivit un cri perçant comme le cri de détresse d'une personne en danger. Je conjecturai tout aussitôt qu'un lion avait fait sa proie d'un des bergers, et je montai sur mon cheval pour voir de plus loin. Le bruit cessa cependant. Je me dirigeai alors lentement du côté où je supposais que l'on avait crié, et j'appelai à haute voix, mais sans recevoir de réponse. Cependant j'aperçus un des bergers étendu dans les grandes herbes du bord de la route, et quoique je ne visse pas de sang, je conclus qu'il était mort. Mais quand je fus tout près de lui, il me dit tout bas d'arrêter, parce que des hommes armés avaient pris son camarade et lui avaient lancé, à lui, deux flèches alors qu'il fuyait. Je restai immobile, cherchant ce que j'avais à faire et regardant autour de moi. Je vis aussitôt, à peu de distance, un homme assis sur la souche d'un arbre. Je distinguai de plus cinq ou six autres têtes. C'était la bande de voleurs assis dans les hautes herbes. Je n'avais plus l'espoir d'échapper, aussi j'allai droit à ces hommes.

» Je laissai ces brigands fouiller dans mes poches et examiner toutes les parties de mon habillement, ce qu'ils firent avec la plus scrupuleuse exactitude; mais ayant remarqué que j'avais deux gilets l'un sur l'autre, ils insistèrent pour que je les ôtasse tous les deux; et enfin, pour en finir, ils me mirent absolument nu. Mes demi-bottes même, bien que la semelle de l'une des deux fût attachée à mon pied avec un morceau de la bride de mon cheval, furent rigoureusement examinées. Pendant qu'ils considéraient leur butin, je les priai, avec de vives instances, de me rendre ma boussole de poche; mais quand je leur fis voir ce que je leur demandais, un des bandits croyant que j'allais prendre cet objet, arma son fusil et jura que si j'osais y porter la main il m'étendrait mort sur-le-champ. Ensuite quelques-uns s'en allèrent avec mon cheval, et le reste délibéra s'il me laisserait tout-à-fait nu ou me donnerait quelque chose pour me préserver du soleil. L'humanité l'emporta enfin : ils me rendirent la plus mauvaise de mes chemises, et une paire de culottes ; et, en s'en allant, un d'eux me rejeta mon chapeau, dans le fond duquel je gardais mes papiers ; ce fut probablement pour cette raison qu'on me le rendit. Après qu'ils furent partis, je restai assis pendant quelque temps, me regardant avec terreur. De quelque côté que je me tournasse, je ne voyais que difficultés et danger. J'étais au milieu d'un vaste désert, au plus fort de la saison des pluies, nu et seul, à cinq cent milles du plus proche établissement européen ! Toutes ces circonstances torturaient mon imagination, et j'avoue que le courage commença à me manquer. Je regardai ma fin comme certaine, et je fus convaincu que je n'avais plus qu'à m'étendre et à mourir.

» Toutefois l'influence de la religion vint à mon aide : je réfléchis que nulle prévoyance humaine ne pouvait prévenir mes souffrances présentes, et, dans cet instant de pénibles réflexions, je laissai tomber mon regard sur une petite mousse en fructification, d'une beauté extraordinaire. Je rapporte ce détail pour prouver que l'âme tire souvent des consolations des moindres incidents. Bien que la plante en question ne fût pas plus grande que le bout du doigt, je ne pus me lasser d'admirer la délicatesse des racines, des feuilles et de la capsule,

» — Cet Etre, me disais-je, qui, dans ce coin du monde, a créé une chose de si peu d'importance et l'a rendue si belle, pourrait-il me regarder sans intérêt et ne pas être touché des malheurs d'une créature formée à son image ? Non, sans doute.

» Ces réflexions étouffèrent mon désespoir. Je tressaillis, et ne songeant plus ni à la fatigue ni à la faim, je repris ma marche, convaincu que le soulagement était prochain, et je ne fus pas déçu. Bientôt après j'arrivai à un petit village à l'entrée duquel je rejoignis les deux bergers qui étaient venus de Kouma avec moi. Ils furent très surpris de me voir, car ils étaient convaincus que les Foulahs non-seulement m'avaient pillé, mais tué.

» Au sortir de ce village, nous traversâmes plusieurs chaînes de rochers, et au coucher du soleil nous fûmes à Sibidoulou, ville frontière du royaume de Manding. Elle est située dans une vallée fertile entourée de hautes montagnes de roches. Les chevaux y peuvent à peine atteindre, et pendant les guerres fréquentes des Bambarras, des Foulahs et des Mandingues, cette ville n'a jamais été saccagée par l'ennemi.

» Quand j'y entrai, le peuple s'attroupa autour de moi et me suivit au baloun, où je fus présenté au douti, que dans ce pays on nomme *mansa*. Je racontai au mansa toutes les circonstances du vol de mon cheval et de mon habillement, et mon récit fut confirmé par les deux bergers. Le mansa ne cessa pas de fumer sa pipe, mais quand je cessai de parler :

» — Assieds-toi, dit-il ; tout te sera rendu, je l'ai juré !

» Puis, se tournant vers un serviteur :

»—Donnez de l'eau à l'homme blanc, et dès que le jour paraîtra, passez les montagnes, et allez dire au douti de Bammakou qu'un pauvre homme, l'étranger du roi du Bambarra, a été volé par des gens de Fontadou.

» Je m'attendais peu, dans ma misérable situation, à rencontrer un homme qui compatît à mes souffrances. Je remerciai de bon cœur le mansa de sa bienveillance, et j'acceptai l'invitation qu'il me fit d'attendre dans sa ville, le retour du messager. Je fus conduit dans une hutte où l'on m'envoya quelques provisions. Mais la foule, qui s'était assemblée pour me voir, et qui, informée de mes infortunes, vomissait des imprécations contre les Foulahs, m'empêcha de dormir jusqu'après minuit. Je restai ainsi deux jours sans nouvelles de mon cheval et de mes habits. D'autre part une sorte de famine régnant dans le pays, je ne voulus plus m'adresser à la générosité du mansa. Enfin, comme il me voyait très pressé de partir, il me conseilla d'aller jusqu'à Wouda, ville où il espérait que je resterais quelques jours et où il devait m'adresser les objets volés.

» Je partis donc le matin suivant, et le 30 août j'arrivai à Monda, petite ville ayant une mosquée. Je logeai chez le mansa, qui était aussi maître d'école ; je profitai de ce séjour pour laver ma chemise, qui était fort sale et rendue plus fine que de la mousseline par l'usage. C'était, hélas ! mon unique vêtement. Enfin le 6 septembre, deux hommes arrivaient avec mon cheval et mon habit : mais ma boussole était brisée !

» Le 7, comme mon pauvre cheval était à paître sur le bord d'un puits, la terre céda sous ses pieds et il tomba à une profondeur énorme. Je regardai comme impossible de le retirer. Les habitants en vinrent à bout cependant, en s'aidant de pléyons faits de plantes grimpantes nommées *kabba*; quand le fidèle compagnon de mes infortunes fut hors du puits, je considérai qu'il n'était plus qu'un squelette, incapable de m'être utile désormais, et je m'estimai heureux si je pouvais le laisser à quelqu'un qui voulût en avoir soin. Je l'offris donc à mon hôte en le priant d'envoyer en présent la selle et la bride au mansa de Sibidoulou. C'était la seule marque de reconnaissance que je pusse donner, pour la peine qu'il avait prise pour me faire rendre mes habits et mon cheval.

» Le 11 septembre, je partis de Namacou et j'arrivai à Kynicto dans la soirée; mais, comme chemin faisant, je m'étais blessé à la cheville, elle était si enflée que, le lendemain, je ne pus mettre le pied sur le sol sans éprouver une vive douleur. Aussi, mon hôte, à cette vue, m'engagea à passer quelques jours avec lui, et je restai en effet jusqu'au 14 octobre, jour où je pus enfin marcher avec l'aide du bâton. Je quittai mon hôte en le remerciant beaucoup, et accompagné d'un jeune nègre qui suivait le même chemin, je pris la route de Djéridjang, riche district, dont le mansa était regardé comme le plus puissant de tout le Manding.

» Le 17 j'étais à Mansia, ville où l'on trouve de

l'or. Le mansa passait pour très peu charitable ; il m'envoya cependant quelque peu de blé pour souper, mais en même temps il me fit demander quelque chose en retour. Quand je lui eus fait dire que je ne possédais absolument rien, il me répondit, comme en plaisantant, que ma peau blanche ne me protégerait pas si je mentais. Il me conduisit alors dans la hutte où je devais coucher, mais il me prit une lance que je m'étais faite pour me défendre en route au besoin, en me disant qu'elle me serait rendue le lendemain. Cette circonstance sans importance, jointe au caractère que l'on prêtait au mansa, me rendit cet homme suspect, et je priai un des habitants qui avait un arc et des flèches, de coucher dans ma hutte. Vers minuit, j'entendis un frôlement au-dehors qui m'annonça l'approche de quelqu'un, et remarquant que la lune avait tout-à-coup éclairé l'intérieur de la hutte, je me dressai en sursaut et je vis un homme qui franchissait le seuil avec précaution. Je saisis tout aussitôt l'arc et les flèches du nègre, et mes mouvements firent aussitôt retirer cet intrus, qui n'était autre que le mansa. Le nègre m'en donna l'assurance, et me conseilla de me tenir éveillé jusqu'au matin. Je fermai la porte et plaçai derrière, en l'arcboutant, un grand morceau de bois. Mais la porte fut encore ouverte et si violemment poussée que le nègre pouvait à peine la tenir close. Cette fois encore, le curieux fut obligé de se retirer et de s'enfuir...

» A mon arrivée à Kamalia, on me conduisit dans la demeure d'un musulman, nommé Karfa, et qui était frère de l'excellent homme dont j'avais été l'hôte pendant un mois, à Kynicto. Le bouckrinn était dans son baloun, au milieu de plusieurs slatés, quand on me présenta à lui. Il leur faisait la lecture dans un livre arabe. Il me demanda si je le comprenais, et, sur ma réponse négative, il me fit apporter un petit livre curieux, qu'on lui avait fait venir de l'ouest. En ouvrant le petit volume, je fus agréablement surpris de lire : *Book of comman prayer...* — Livre de prière. — Karfa manifesta un grand contentement quand il vit que je le comprenais, car lui et ses compagnons me soupçonnaient d'être Arabe, à raison de ma peau, que le hâle, la fatigue, la souffrance et une fièvre qui ne me quittait plus avaient rendu fort jaune. Mes habits en guenilles et mon excessif dénûment de toutes choses, n'étaient pas non plus fort rassurants. De sorte que, Karfa, voyant que je pouvais lire ce livre, n'eut plus de doute sur mon origine, et me promit toute son assistance. Il m'informa même sur l'impossibilité actuelle de traverser le désert de Jallouka : cette impossibilité devait même durer plusieurs mois, car le chemin était coupé par huit rivières fort dangereuses en ce moment.

» Dans la hutte qui me fut donnée, je trouvai une natte pour me coucher, une jarre de terre pour l'eau et une calebasse pour la puiser. Chaque jour, Karfa m'envoyait deux plats, et ses esclaves avaient ordre de me fournir de bois et d'eau. Néanmoins, nonobstant tous ces soins, la fièvre me brûlait, et j'eus bien de la peine à toucher à la convalescence.

» Un jour, comme je causais avec des esclaves qu'un slaté amenait de Ségo, l'un d'eux me pria de lui donner quelque nourriture. Je lui répondis que j'étais étranger, et que malheureusement je n'avais rien à donner.

» — Quand vous avez eu faim, vous, me répliqua l'esclave, je vous ai nourri, moi, cependant. Avez-vous donc oublié l'homme qui vous apporta du lait à Karrankalla? Hélas! ajouta-t-il, j'étais libre alors et je n'avais pas les membres enchaînés!....

» Je le reconnus aussitôt et je demandai quelque nourriture pour lui à Karfa. Ce pauvre nègre me raconta qu'il avait été fait esclave après une bataille des Kaartans contre les Bambarrans.

» Au commencement de décembre, Karfa, pour compléter sa caravane d'esclaves, songea à faire rentrer tout l'argent qui lui était dû dans la contrée. Il partit en voyage pour un mois, dans ce but. Mais alors il me confia aux soins d'un vieux bouckrinn qui servait de maître d'école aux enfants de Kamalia. C'était un homme d'un caractère doux et bon. Il s'appelait Pankouma, et il se montrait fort tolérant, quoique mahométan.

» Enfin, le 20 janvier 1797, nous partîmes avec ses esclaves, Karfa et moi. Nous arrivâmes en vue de Kinytakouro, ville grande, carrée, située au milieu d'une belle plaine. C'était la première ville hors du territoire mandingue.

» Le 23, nous entrâmes dans le désert de Jallouka, et, dans la matinée, nous passâmes près de deux villes en ruines que les Foulahs avaient brûlées. Le feu avait dû être fort intense, car je remarquai que les huttes de quelques quartiers avaient leurs murailles vitrifiées, et semblaient de loin enduites d'un vernis rouge. Vers dix heures, nous traversâmes la rivière Ouonda, et nous vîmes un pays magnifique, coupé de vallons et de collines, et, au coucher du soleil, nous étions sur les rives d'un ruisseau limpide appelé Comeistang, où je me baignai ; après quoi, nous fîmes halte dans un bois, où des feux furent allumés pour la durée de la nuit.

» Le 27 avril, nous atteignîmes une ville nommée Nunkolo, puis, à quatre heures nous arrivions à Souletta, village de Jallouka, où nous trouvâmes les premières habitations humaines que nous eussions vues depuis cinq jours.

» Le 28, nous étions à Malacotta, le 11 mai à Dindikou, le 20 à Kirwani, et le 29 à Neola-Koba dans la Gambie.

» Arrivé enfin le 10 juin à Pisania, lieu de départ de mon voyage, je me rendis, le soir même à Tendacunda, où Karfa, qui m'accompagnait toujours, fut émerveillé du mobilier de la senora Camilla, vieille négresse qui avait résidé plusieurs années à la factorerie anglaise et connaissait ma langue.

» Le docteur Faidley me reçut comme si je revenais de chez les morts. Il acquitta ma dette envers Karfa. Quoique je donnasse le double de ce dont j'étais convenu au bon Karfa, je faisais encore peu pour lui, en raison des soins qu'il m'avait prodigués. Notre industrie européenne l'étonnait énormément, et alors il se disait en soupirant :

» — Les hommes noirs ne sont rien !

» Quelquefois aussi, le brave Karfa me demandait ce qui avait pu m'engager à aller explorer un pays aussi misérable que l'Afrique...

» Je le quittai, le 14 juin, pour le laisser retourner à Djindey, où tout son monde était resté, et je partis moi-même pour l'Angleterre, le 15. J'arrivai à Londres le 22 décembre. »

BOUSSA. — L'YAOURIE.

Les malheurs qu'avait endurés, dans ce premier voyage, notre hardi voyageur, ne le détournèrent pas d'en entreprendre un second. Electrisé par la renommée que lui donna la relation de ses aventures lue avec avidité par toutes les classes de la société d'Europe, Mungo-Park se maria d'abord d'une façon fort avantageuse, puis il prépara une seconde expédition, à laquelle durent prendre part son beau-frère et nombre de gens curieux d'agrandir le domaine de la science géographique. La *Géographical Society* de Londres leur adjoignit même des soldats. Ce nouveau voyage d'exploration fut préparé sur les bases les plus sûres : le succès devait être infaillible.

Mais luttez donc contre le climat !

Arrivés en Afrique, dès le début les Anglais furent décimés par une affreuse dyssenterie.

Bientôt il ne resta plus que le lieutenant Martyn et trois soldats. Néanmoins ces intrépides voyageurs se prirent à suivre le Niger, dont ils ignoraient le cours, à travers des nations sauvages. Avant de s'éloigner toutefois, Mungo-Park mit une dernière main à son nouveau journal, écrivit plusieurs lettres à son beau-père, à sa femme, à sir Joseph Banks et à lord Cambden, et enfin partit.

On fut une année avant d'entendre parler de lui.

Mais alors des marchands nègres, venus de l'intérieur de l'Afrique aux établissements anglais, annoncèrent que Mungo-Park et ses compagnons avaient péri. A ce bruit sinistre, le lieutenant-colonel Maxwel, qui commandait dans les parages du Sénégal, expédia Isaac, un serviteur de Mungo-Park, venu de l'intérieur de l'Afrique pour apporter le journal et les lettres de son maître, il y avait un an, à la recherche des voyageurs. Isaac revint après une absence de vingt-deux mois. Il avait, à Sansanding, appris d'Amadi-Fatouma, le guide qui avait accompagné Mungo-Park pour descendre le Niger, qu'en arrivant sur la barre du fleuve, à Boussa, c'est-à-dire à environ trois cents lieues de l'embouchure du Niger, la barque que montaient les explorateurs s'était brisée sur les rochers, et que les blancs avaient été tués par les naturels le 23 décembre 1805. Ce massacre aurait eu lieu, paraît-il, d'après les ordres secrets du roi d'Yaourie, lequel, supposant des trésors entre les mains des blancs, avait voulu s'en emparer.

Avant d'atteindre Boussa, il paraît aussi que la fragile embarcation, après avoir dépassé Tombouctou, avait eu à soutenir plusieurs combats contre les Touaregs et autres peuplades barbares dont le Niger traverse ce territoire inhospitalier.

Mungo-Park avait écrit un nouveau mémoire de son voyage, depuis qu'il en avait envoyé la première partie, par Isaac, au lieutenant-colonel Maxwel jamais on n'a pu retrouver ces dernières feuilles, qui eussent été assurément des plus intéressantes.

FIN

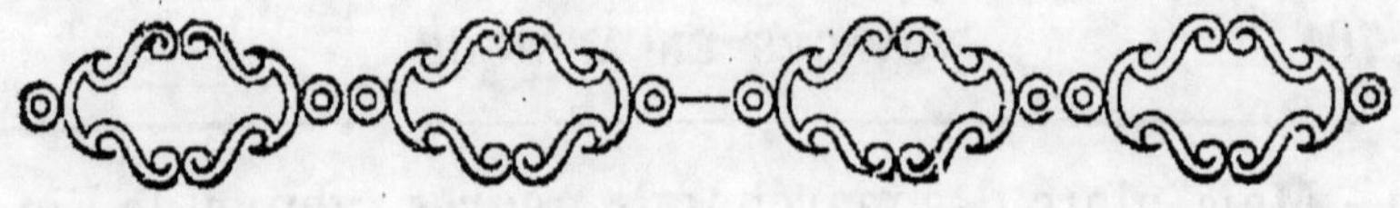

TABLE.

FIN DE LA TABLE.

LIMOGES ET ISLE,
Typographies Eugène Ardant et C. Thibaut.